C.H.BECK ■ WISSEN

in der Beck'schen Reihe

AF178765

Das Staunen über die Technik ist von gemischten Gefühlen begleitet. Zuerst ist Technik neu, dann gewohnt, dann unsichtbar. Wir bemerken sie nicht mehr. Aber sie beeinflusst unser Leben. Technik wird immer universaler und stellt die Frage nach der Verantwortung neu.

Der Band gibt einen Überblick über die Grundströmungen der Technikphilosophie von der Antike über den zweifachen Aufbruch mit der Neuzeit und dem Beginn der Industrialisierung bis hin zur anthropologischen und kritischen Deutung der Technik von Arnold Gehlen, Günther Anders und Hans Jonas. Er hinterfragt das Selbstverständnis des modernen Ingenieurs und Technikers, den Prozess der Automatisierung und die Allverfügbarkeit technischer Lösungen.

Klaus Kornwachs, geb. 1947, ist Physiker und Technikphilosoph. Er war Mitarbeiter am Fraunhofer-Institut für Produktionstechnik und Automatisierung, später am Fraunhofer-Institut für Arbeitswirtschaft und Organisation. 1991 erhielt er den Forschungspreis Technische Kommunikation. Von 1992 bis 2011 hatte Kornwachs den Lehrstuhl für Technikphilosophie an der Brandenburgischen Technischen Universität Cottbus inne. Zur Zeit lehrt er an der Universität Ulm. Kornwachs ist Mitglied der Deutschen Akademie der Technikwissenschaften (acatech).

Klaus Kornwachs

PHILOSOPHIE DER TECHNIK

Eine Einführung

Verlag C.H.Beck

Originalausgabe
© Verlag C.H.Beck oHG, München 2013
Gesamtherstellung: Druckerei C.H.Beck, Nördlingen
Umschlagentwurf: Uwe Göbel, München
Printed in Germany
ISBN 978 3 406 63833 6

www.beck.de

Inhalt

Einleitung 7

1. Technik – fragwürdig und merkwürdig 10

2. Philosophisches Nachdenken
   über Technik als Disziplin der Philosophie 15

3. Was heißt zivilisierte und technisierte Welt? 20

4. Grundströmungen der Philosophie
   der Technik 31

5. Der Anfang der Technik 72

6. Bausteine aktueller Technikphilosophie 78

7. Technik ist mehr als angewandte
   Wissenschaft 88

8. Die Frage nach der Ethik 98

9. Chancen, Risiken und Ungewissheiten
   des 21. Jahrhunderts 107

Danksagung 122
Verwendete Literatur 123
Weiterführende Literatur 126
Personenregister 127

Einleitung

Dies ist eine Einführung in die Philosophie der Technik. Einführungen in normale akademische Lehrgebiete müssen gewissen Anforderungen entsprechen: Sie sollen über die Geschichte des Fachs, die Hauptprobleme, über die wesentlichen Ergebnisse – meist triumphal – berichten und einschlägige Institutionen und die gängige internationale und möglichst aktuelle Literatur benennen. In der Philosophie würde man sich dies von Einführungen ebenfalls wünschen, doch der Wunsch ist nicht erfüllbar. Philosophie stellt seit zwei Jahrtausenden Fragen und die Antwortversuche stellen ihre Geschichte dar. Eine Einführung kann zwar Chronologisches beinhalten, aber sie besteht in einer Darstellung der Denkweise und geht damit einen Weg, der immer vom Verfasser gewählt wird. Ob der Leser ihn mitgeht, hängt von seinen Vorlieben ab. Vielfach steht das Wort Einführung auch als untertreibende Bezeichnung für die Darstellung der eigenen Position des Verfassers. Das lässt sich nicht vermeiden. Aber wenn Philosophie Fragen und Gespräch bedeutet und die Dialoge mit gutem Grund bei Platon ohne Ergebnis, aporetisch enden, dann will der Verfasser auch bei einer Einführung in sein Gebiet im Gespräch bleiben und keine apodiktischen Sätze verkünden.

Zuvor eine kurze Bemerkung über den Sprachgebrauch. Wir sprechen spätestens seit Ernst Kapps Buch von 1877 von einer «Philosophie der Technik», die Denomination meines Lehrstuhls an der BTU Cottbus spricht hingegen von Technikphilosophie. Ist nun beides gleich oder ist dies nur eine spitzfindige Frage? Oder ist diese Frage schon philosophisch?

Zuweilen hat das Wort «Philosophie», gerade im technisch-unternehmerischen Umfeld, eine andere als die herkömmliche Bedeutung erhalten: Wendungen wie «Unternehmensphilosophie» oder «die Philosophie, die dieser oder dieser Konstruktion zugrunde liegt …» meinen eine Gesamtheit von Prinzipien,

die als Leitvorstellungen dienen mögen und durch diese Wort-
wahl über die Ebene reiner Sachargumente gehoben werden sollen. Dies ist ein anderer Begriff von Philosophie als der Begriff,
den die Philosophie sowohl als akademische und später univer-
sitäre Disziplin einerseits wie auch als «Sorge um sich selbst»[1*]
in ständigem Ringen um das eigene Selbstverständnis im Laufe
zweier Jahrtausende, oft konkurrierend mit der Theologie, entwickelt hat. Somit müssten wir die beiden Begriffe wohl unterscheiden:

Technikphilosophie wäre dann eine Bildung analog zu «Unternehmensphilosophie» oder «Philosophie einer Bürgerbewe-
gung». Das Wort «Philosophie» würde dabei nur als eine Bezeichnung für eine Klasse von Leitsätzen verwendet, die man in
einer konkreten Situation anwenden kann. Wenn man Philosophie so versteht, dann müsste sie auch Begründungen dafür liefern können, weshalb einer bestimmten Technik gegenüber einer
anderen der Vorzug gegeben werden sollte. Genau dieses Missverständnis von Philosophie der Technik, das Philosophie als ein
Dienstleistungsangebot an Technikbetreiber oder -gegner auf-
fasst und gierig nach Rechtfertigungen greift, wollen wir vermeiden.[2] «Technikphilosophie» wäre dann eine ganz bestimmte
Einstellung zur Technik, die in einer konkreten Situation ein
Handlungsbeteiligter hat: «Der hat eben die und die Technikphilosophie, deshalb argumentiert er so …»

Philosophie der Technik, wie sie im Titel dieses Buchs gemeint
ist, bedeutet im historischen und lebenspraktischen, aber auch
im systematischen Sinne den Versuch einer Antwort der Philosophie auf die historisch einmaligen und neuen Fragestellungen,
vor die uns die Entwicklung der zeitgenössischen Technik stellt.
Offenkundig können wir diese technik- und wissenschafts-
immanent nicht mehr beantworten. Eine solche Philosophie der
Technik kann zwar Haltungen gegenüber der Technik klassifizieren, kritisieren, begründen und empfehlen, aber sie kann
keine technisch-organisatorischen Probleme lösen. Sie ist weder

---

* Diese und alle folgenden Anmerkungen finden Sie im Internet unter
  www.chbeck.de/go/Kornwachs-Philosophie-der-Technik

deckungsgleich mit Technikfolgenabschätzung noch identisch mit Technikbewertungen oder -kritik. Die Philosophie der Technik hat auch nichts mit einer «Reparaturethik» oder mit der Lückenbüßerfunktion von unvermeidlichen Geisteswissenschaften zu tun.[3] Sie versucht, eine bestimmte Richtung des Fragens zu verstehen, warum Technik möglich ist und warum sie funktioniert, wie kontingent Technikentstehung ist und welche Faktoren dabei eine Rolle spielen. Sie untersucht darüber hinaus Motive und normative Strukturen technischen Handelns. Und sie versucht letztlich, den Zusammenhang zwischen Wissen und Können, Wissenschaft und Technik sowie zwischen Gelingen und Scheitern zu verstehen und theoretisch zu begründen. Dazu nähert sie sich auch einer Wissenschaftstheorie der Technikwissenschaften.

Eine Einführung in ein Teilgebiet der Philosophie stellt immer einen Kompromiss zwischen möglichst umfassender und aktueller Darstellung einerseits und andererseits einem Zugangsweg dar, der wesentliche Argumentationsstränge und auch ein Gefühl für Kontroversen vermitteln soll. Dabei darf durchaus auch die Position des Verfassers durchscheinen. Nach einem eher phänomenologischen, fragenden Einstieg wird daher zuerst nach den Möglichkeiten einer Teildisziplin wie der Philosophie der Technik gefragt und auf die Wichtigkeit des Verstehens von Technik für unsere Kultur und Lebenswelt verwiesen. Ein Kapitel ist dem historischen Überblick über die Entwicklungen und Grundströmungen des philosophischen Fragens nach der Technik gewidmet, um dann verschiedene Ebenen zu zeigen, auf denen man Technik deuten kann: metaphorisch und beschreibend (Technik als ...), essentialistisch (Technik ist ...), orientiert an Folgen (Technik hat ...) und normativ (Technik muss ...). So kann Technik verstanden werden als Mittel für eigenerzeugte Zwecke, aber auch als Gegenstand der Wissenschaft. Technik hat Wirkungen und Folgen, und Technik muss deshalb verantwortlich gestaltet werden. Dies ist *die* Chance und Aufgabe des 21. Jahrhunderts.

I. Technik – fragwürdig und merkwürdig

Philosophie beginnt und endet mit hartnäckigen Fragen

Meist stellt sich später heraus, dass man früher hätte fragen sollen. Während diese Zeilen geschrieben wurden, barsten nach einem Jahrtausendbeben und einem darauffolgenden Tsunami drei Meiler in der japanischen Nuklearanlage Fukushima – die neue Chiffre für unbeherrschbare Technik nach Tschernobyl. Die Fragen werden lauter: Fragen nach Verantwortung, Komplexität, Nachhaltigkeit, Folgen, nach Fortschritt, Segen und Verhängnis von Technik. Martin Heidegger meinte ganz lapidar, es sei gerade das Unheimliche an der Technik, dass sie funktioniere.[4] Wir erleben Technik meist unbewusst, sie ist oft unsichtbar, sie funktioniert fast selbstverständlich. Wir halten sie für eine Errungenschaft der Naturwissenschaft und der Zivilisation und beginnen unsere Fragen erst zu stellen, wenn sie eben nicht oder nicht mehr funktioniert. Dabei stellen wir fest, dass wir meist gar nicht wissen, wie und warum Technik funktioniert, wer sie in die Welt gestellt hat, wer damit etwas vorhat und wer damit welche Interessen verfolgt. Und wir stellen auch fest, dass Technik, so gut sie gemeint sein mag, zuweilen gar nicht funktioniert, weil das, was sie zum Funktionieren braucht, gar nicht gegeben ist. Dieses Etwas ist in unserem vorläufigen Verständnis nichts Technisches, sondern eher etwas Organisatorisches: Die Stromrechnung muss bezahlt sein, sonst laufen Kühlschrank und Waschmaschine nicht. Die Straßenverkehrsordnung muss erlassen, der Straßenbau organisiert, die Versorgung mit Öl sichergestellt sein. Reparatur- und Ersatzteilservice müssen klappen, sonst ist unser Auto nur ein hübscher Haufen aus Blech, Elektronik, Gummi und Glas, das nicht mehr von A nach B fahren kann.

Die Selbstverständlichkeit von Technik und ihre weitgehende Unsichtbarkeit macht sie bei Fachleuten und Benutzern gleichermaßen fraglos – warum soll man fragen, warum etwas funktioniert, wenn es funktioniert? Das könnte den Verdacht aufkommen lassen, dass philosophische Fragen nach der Technik erst dann auftauchen, wenn sie scheitert. Dann wäre das Problem der Technik lediglich das Problem, das wir mit schlechter Technik haben. Die Philosophie ist aber kein Reparaturbetrieb, sie versteht sich eher als präventive begriffliche Instandhaltung, um es technisch auszudrücken. Der Philosophie geht es, wenn sie nach der Technik fragt, um das Verstehen der Technik, um ihre Deutung und um die Bedingungen der Möglichkeit gelingender wie scheiternder Technik. Abgesehen vom Begriff der Technik selbst, der alles andere als eindeutig ist, liegt die Grundfrage nach der Technik auf der Hand. Es ist das Verhältnis von Theorie und Praxis, von Natur und den menschlichen Handlungsmöglichkeiten in ihr, und es ist die Frage, ob ein Verständnis des Menschen nicht erst durch die Möglichkeiten seines technischen Handelns denkbar wird.

Das Staunen über Technik wird von gemischten Gefühlen und merkwürdigen Empfindungen begleitet

Im Mittelalter hatten Roger Bacon (1214–1292) und später in der Renaissance Francis Bacon (1561–1626) erhebliche Mühe, ihren Zeitgenossen zu erklären, dass Maschinen, die aufgrund von Naturerkenntnissen gebaut wurden, nichts mit Magie zu tun hätten, sondern erst ein geduldiges Hören auf die Natur den Menschen dazu befähige, die Natur nach seinem Willen zu zwingen, d. h., ihm dienstbar zu sein.

Neue Geräte werden bestaunt. Früher drückte man sich die Nase am Schaufenster des Radiogeschäftes oder des Automobilverkäufers platt, heute genießt man das *Product Placement* oder die *Promotion Show* neuester Produkte. Die Gefühle sind dennoch zwiespältig: Der Faszination des Neuen folgt in der Regel die Gewöhnung, die so weit geht, dass wir das Technische gar nicht mehr als das Technische wahrnehmen. Aber es gibt auch die Faszination des Grauens und des Erschreckens: In den 1950er Jahren waren die meisten Menschen zugleich fasziniert und erschreckt von der Atombombe; sie waren begeistert von der friedlichen Nutzung der Atomkraft, doch dann nannte man sie alsbald einen sanften Mörder.[5] Einige von uns mögen sich zuerst gegen den Siegeszug des Computers quer durch den Betrieb, dann in den Haushalt gewehrt haben. Das Mobiltelefon wird als Segen und Fluch gesehen – jeder möchte eben kommunizieren und dennoch toben Glaubenskriege z. B. um den Elektrosmog. Dieser Zwiespalt betrifft nicht nur die Gesellschaft und ruft bei fast jeder Technik Proponenten und Opponenten auf den Plan, sondern er ist bei jedem Einzelnen, also auch in unserem eigenen Bewusstsein, zu finden. Eben dieser Zwiespalt ist in der Tat fragwürdig, also des Nachfragens würdig.

Doch welche Fragen stellen sich, wenn wir, je nach Situation, Kultur, Mentalität und vor allem je nach Technikbereichen, völlig unterschiedlich reagieren? Wir zeigen, je nachdem, einmal Angst, einmal Faszination, einmal Protest, einmal Gleichgültigkeit, einmal Ablehnung oder auch einmal Konsumwut. Es geht hier nicht um Meinungs- und Einstellungsforschung, es geht darum, dass uns Technik etwas ausmacht – etwas, das wir doch hervorgebracht haben, das wir erfunden haben, das wir gebaut und organisiert haben und womit manche seit geraumer Zeit nicht mehr ganz zurechtkommen.

Merkwürdige Gefühle und zwiespältige Haltungen zeigen meist an, dass sich ein Problem da verbirgt, wo wir es nicht zu sehen gewohnt sind oder nicht vermuten. Was soll an Technik problematisch sein? Entweder sie funktioniert, dann ist sie brauchbar, oder sie funktioniert nicht, dann ist sie nicht brauchbar – der Konsument oder Benutzer lässt dann eben die Finger davon und schickt die Hersteller nach Hause. Ganz einfach, oder doch nicht?

Zuerst ist Technik neu, dann gewohnt, dann unsichtbar

So einfach geht es leider nicht. Telefonieren war zuerst ein Privileg, dann wurde es ein Recht, und heute ist es im Zeitalter der immerwährenden Erreichbarkeit für viele eine Pflicht, wenn nicht gar Plage. Vieles sehen wir gar nicht mehr als Technik an, weil wir uns daran gewöhnt haben – zum Teil seit Jahrtausenden. Eine normale Milchkuh würde ohne Landwirtschaft, Stall und Bauer nicht überleben – wir haben sie, wie viele andere Tierarten, durch Züchtung zum Haustier gemacht und hergerichtet für unsere Zwecke. Warum empfinden es viele als provozierend, wenn man behauptet, die Kuh sei eine Maschine wie ein Traktor, eine Biomaschine eben, so wie der Traktor eine mechanische Maschine sei? Manche sehen in der Landwirtschaft noch etwas Natürliches, «Bio» als heilsversprechende Vorsilbe ist in aller Munde. Hat jahrhundertelange Züchtung von Mais und Reis nichts mit Technik zu tun, oder macht erst die genetische Manipulation eine Technik daraus?

Wir haben uns an Pflanzenzüchtungen durch Pfropfen, Rückkreuzung und Ähnliches gewöhnt und empfinden sie als «natürliche» Verfahrensweisen der Beeinflussung der genetischen Ausstattung von Nutzpflanzen. Kein Mensch würde auf die Idee kommen, ein Lagerfeuer, bei dem chemische Bindungsenergie von Biostoffen freigesetzt wird, als Technik zu bezeichnen – und doch waren all diese Verhaltensweisen und Hervorbringungen einmal «High-Tech» oder «Neue Technologien», wie die Euphemismen heute lauten.

Technik beeinflusst unser Leben

Es ist schon fast trivial – Technik ist ein philosophisches Thema, seit wir festgestellt haben, dass die Technik, die wir selbst hervorgebracht haben, uns beeinflusst. Das gilt zum einen für unser Denken, indem wir dabei technische Bilder und Metaphern dessen, was wir für machbar halten, verwenden. Es betrifft zum anderen aber auch unsere Zivilisation, weil wir unser Leben vom Funktionieren der Technik abhängig gemacht haben und unsere Kultur, unsere Wissenschaft, die Kunst und nahezu jede Kommunikation ohne Technik nicht mehr möglich wären. Es betrifft unser Leben, das wir als «Mängelwesen» mit technischen Prothesen kompensatorisch aufrechterhalten, und es betrifft auch unsere Psyche, die unsere Organe nach außen zu projizieren scheint und damit Werkzeuge erschafft.

Alle diese Positionen werden heftig diskutiert in der Philosophie der Technik, deren moderner Beginn, zumindest publizistisch, bei Ernst Kapps *Grundlinien einer Philosophie der Technik* aus dem Jahre 1877 liegen dürfte.[6] Kapp versteht die Kulturgeschichte des Menschen als die Geschichte seiner Werkzeuge. Zur Radikalisierung dieses Gedankens ist es nur ein kleiner Schritt: Beginnt der Mensch überhaupt erst da, wo er Werkzeuge herstellt und sich seine Umwelt seinen Zwecken entsprechend zurichtet? Ist der Mensch von jeher schon der *homo faber*, der herstellende Mensch? Und was unterscheidet ihn da vom Burgen bauenden Biber, von der kunstvoll Netze spinnenden Spinne, vom Nest bauenden Vogel, von der Hügel errichtenden Termite?

Wenn also Philosophie, so sie sich mit Technik beschäftigt, solche Fragen stellt und zu beantworten versucht, dann zeigt sich zweierlei: Zum einen sind die Fragen selbst uralt. Schon einem Aristoteles wollte die Unterscheidung von Natürlichem und Künstlichem nicht so recht gelingen. Aber diese Fragen müssen immer wieder neu beantwortet werden, jeweils in ihrer Zeit. Zum anderen sind diese Fragen immer damit verbunden, was wir vom Menschen halten und wie wir es mit dem Menschen halten, also mit der Anthropologie.

Fragen nach der Technik sind selbst da, wo es nur um das Funktionieren geht, noch philosophisch, denn sie berühren auch unser Naturverständnis. Wie ist es möglich, dass wir Geräte bauen können, vom Messer bis zur Raumstation, vom Designer-Molekül bis zum genetisch umgebauten nützlichen Bakterium, vom Lautsprecher bis zum World Wide Web, Instrumentarien also, die es in der Natur nicht gibt und für die oftmals auch keine Vorbilder in der Natur existieren, die man nur abschauen und nachbauen müsste? Wie ist es andererseits möglich, dass es Geräte in unserer Vorstellung gibt, die wir nicht bauen können, weil es die Natur «nicht zulässt»?[7] Jeder Ingenieur wird sagen, dass man gegen die Physik (damit meint er die Naturgesetze) nicht konstruieren kann. Heute weiß man aus der Wissenschaftstheorie aber auch, dass man aus der Physik die Technik nicht ableiten kann – man muss sie er-finden.

Was geschieht in einem Computer? Selbst die physikalische und elektrotechnische Beschreibung der Vorgänge «erklärt» nicht die Funktionsweise eines Computers, mit der wir wie selbstverständlich umgehen. Wir haben in der Technik einen Überschuss von denkbaren bis tatsächlich herstellbaren und hergestellten Eigenschaften, die wir aus der Natur nicht kennen und die dennoch mit der Natur «kompatibel» sind. Wie kommt das?

Wir könnten das Fragen endlos weitertreiben. Für alle Fragen und alle Antwortversuche ist hier nicht der Platz – aber einige Antwortversuche wird man wohl wagen müssen. Deshalb sei zunächst die Wendung ins Systematische erlaubt.

2. Philosophisches Nachdenken über Technik als Disziplin der Philosophie

Gibt es eine Philosophie der Technik?

Die Philosophie liegt vielfach quer zur Wissenschaft, sie hat im Laufe der Geschichte viele Probleme an die Wissenschaft abgegeben, nimmt aber auch ständig ungelöste Probleme der Wissenschaft wieder als Fragen auf. Das schwierige Verhältnis von Wissenschaft und Philosophie, das eben auch das Verhältnis zwischen Menschen, die Wissenschaft betreiben, und denen, die Philosophie betreiben, bestimmt – gerade an einer Technischen Universität –, hat Carl Friedrich von Weizsäcker auf den Punkt gebracht:

Es gehört zu den methodischen Grundsätzen der Wissenschaft, daß man gewisse fundamentale Fragen nicht stellt. Es ist charakteristisch für die Physik, so wie sie neuzeitlich betrieben wird, daß sie nicht wirklich fragt, was Materie ist, für die Biologie, daß sie nicht wirklich fragt, was Leben ist, für die Psychologie, daß sie nicht wirklich fragt, was Seele ist. Wollten wir nämlich diese schwersten Fragen gleichzeitig stellen, während wir Naturwissenschaft betreiben, so würden wir alle Zeit und alle Kraft verlieren, die lösbaren Fragen zu lösen. Auf der anderen Seite darf man sich nicht täuschen, daß das methodische Verfahren der Wissenschaft ... wenn es sich über seine eigene Fragwürdigkeit nicht mehr klar ist, etwas Mörderisches an sich hat.[8]

Das gilt *mutatis mutandis* auch für die Technikwissenschaften, für das Ingenieurwesen und die Praxis der Technik selbst. Die großen Fragen der Philosophie hat Immanuel Kant (1724–1804) schon knapp umrissen: «Was können wir wissen?», «Was sollen wir tun?», «Was dürfen wir hoffen?»[9] Es gibt aber weiterhin Fragen, die uns abseits der Metaphysik, der Erkenntnistheorie und der Ethik umtreiben, und sie gipfeln in der vierten Kant'schen Frage: «Was ist der Mensch?»[10] Hoffnungsfragen beantwortet die Technik nach dem bisherigen Selbstverständnis der Techniker und Ingenieure nicht, wohl aber spielt Hoffnung bei Entscheidungen über Entwicklung und Einsatz von Technik eine große Rolle. Denn Hoffnungen werden hier mit Zwecken verbunden. Antworten auf die Frage, was man überhaupt wissen könne, fallen in der Technik notwendigerweise pragmatisch verkürzt aus: Wenn wir hier Wissen als umsetzbares Wissen deuten, dann haben wir verstanden, was wir bauen können.[11] Was zu tun ist, darüber kann uns technisches Wissen allein wohl noch keine Auskunft geben. Und der reduktionistisch verkürzten Antwort von Marvin Minsky, der Mensch sei eine *«meat machine»*,[12] werden wohl nur hartgesottene Ingenieure zustimmen. Technisches und wissenschaftliches Wissen eignet sich nicht dafür, Sinn-, Moral- und Deutungsfragen zu beantworten. Gleichwohl sind Antworten auf diese Fragen bestimmend für unser menschliches Dasein.

Sigmund Freud sprach von drei großen Kränkungen des Selbstverständnisses des Menschen, und er nahm die Psychoanalyse ohne falsche Bescheidenheit gleich mit in die Liste auf:[13]

Die erste Kränkung: Schon Aristarch (310–230 v. Chr.) und später Kopernikus (1473–1543) zerstörten die Vorstellung von der zentralen Stellung des Menschen im Kosmos: Wir sind nicht der Mittelpunkt der Welt. Aber erst Johannes Kepler (1571–1630) vollendete die Revolution, indem er forderte, dass in den

Himmelsgewölben die gleiche Physik wie auf der Erde gelten solle. Die Naturgesetze wurden nun als universell gültig angesehen, und damit hatten sie für den Kosmos wie auch für die Technik zu gelten. Eine Konsequenz aus dieser Forderung war die einfachere Erklärung der Planetenbahnen durch Ellipsen statt durch die ptolemäischen Epizyklen. Letztlich führte dies zu unserem heutigen Menschenbild, wonach wir uns als nur eine von möglicherweise vielen anderen Zivilisationen im Weltall ansehen, mit intelligentem Leben und damit auch mit einem gewissen Stand der Technik. Wir kennen aber nur unsere eigene Zivilisation und unseren eigenen technischen Entwicklungsstand. Deshalb ist es ja außerhalb der Science-Fiction-Literatur so schwer vorstellbar, dass es und wie es etwas anderes als unsere Technik geben könnte.

Die zweite Kränkung: Charles Darwin (1809–1882) lehrte uns, dass wir ein Produkt der Evolution sind, und zerstörte damit zumindest naive Vorstellungen von Geschöpflichkeit. Francis Crick und James Watson analysierten mit ihrem DNS-Modell die materielle Basis der Vererbungsgesetze, mit der Konsequenz, dass Teile der Wissenschaft die Frage, was der Mensch sei, auf die Frage nach seinem Genom zu reduzieren begannen. Von da war es nicht mehr weit zu der Frage, ob sich die Natur des Menschen zielgerichtet technisch verändern lasse und wer die Richtung dieser Veränderung vorgeben könne.[14]

Die dritte Kränkung: Schon Marc Aurel (121–180 n. Chr.) wusste in seinen schonungslosen *Selbstbetrachtungen*[15] zu berichten, dass wir nicht Herr im eigenen Hause sind, dass wir aus Antrieben handeln, die Sigmund Freud dann später als das Unbewusste beschrieb. Dies zerstörte die Vorstellung, dass unsere Antriebe immer gut, edel, autonom und immer klar wären. Einmal darauf gestoßen, machen uns nicht nur psychologische Experimente, sondern auch kritische Selbstbeobachtungen im Alltag schnell darauf aufmerksam.

Die vierte Kränkung: Man könnte den drei Kränkungen eine vierte hinzufügen, die unmittelbar mit Technik zu tun hat: Viele Denkleistungen, die wir für genuin oder ausschließlich menschlich hielten, sind mittlerweile durch Maschinen darstellbar. Der

Sieg des Großrechners Deep Blue über Garri Kasparow 1996 im Schachspiel[16] war nur einer der Triumphe der Disziplin der Künstlichen Intelligenz, die sich anheischig macht, durch den Bau von Maschinen humane kognitive Akte zumindest zu simulieren. Einige Protagonisten der Künstlichen Intelligenz wie Marvin Minsky, Hans Moravec oder Bill Joy sehen eine Zeit kommen, in der die Maschinen die Macht übernehmen und der Mensch sich selbst überflüssig machen werde.[17]

Alle angeführten Kränkungen beinhalten die Frage nach dem Menschen und danach, was von seinem im Laufe der Geschichte gerupften und zerzausten Selbstverständnis noch übrig bleibt. An die vierte Kränkung schließt sich die Frage an, ob der Mensch – angesichts seiner technischen Möglichkeiten zur Selbstvernichtung – nicht als Gattungswesen verschwinden könnte. Müsste die moderne Technik und Wissenschaft vor dem Menschen nicht irgendwann einmal haltmachen? Haben Technik und Wissenschaft die Probleme erzeugt, die sie vielleicht gar nicht mehr lösen könnten?

Was ist mit Technik gemeint?

Definitionsversuche gehen dann meist fehl, wenn man mit ihnen die Welt erklären will. Definitionen sagen nichts über die Welt, sondern etwas über den Sprachgebrauch aus, wenn wir über das zu Definierende reden. Dies gilt auch für den Begriff der Technik: Jeder Definitionsversuch steht schon unter dem Verdacht eines voreiligen Beantwortungsversuchs einer philosophischen Frage, die vielleicht noch gar nicht explizit gestellt wurde. Geneigte Leserinnen und Leser mögen dies selbst in beliebigen Lexika ausprobieren. Dort kann man feststellen, dass die unterschiedlichen Definitionsversuche in der Tat immer schon Deutungen beinhalten.

Wir unterscheiden an dieser Stelle zunächst einen materialen und einen formalen Technikbegriff.[18] Mit dem formalen Technikbegriff, also einer Technik, derer man sich bedient, einer Technik, die z. B. ein Pianist oder eine Tennisspielerin «drauf»-hat, bezeichnet man eine nach Zweck-Mittel-Relationen geordnete Regelhaftigkeit von Handlungen. Der materiale Technikbegriff stellt hingegen den Inbegriff aller existierenden Artefakte, ihrer Herstellungsweisen und Verwendungsweisen dar. Dabei sind Artefakte zweierlei: einmal etwas, das der Mensch für sich letztlich aus der Natur genommen und für sich hergerichtet oder zusammengefügt hat, vom Faustkeil bis zum Computer. Zweitens auch ein Verfahren, das seinen Zwecken taugt, z. B. ein Programm, eine Menge von miteinander verbundenen Regeln oder Anweisungen oder eine Steuerung. Man sieht schon, dass der Unterschied zwischen dem formalen und dem materialen Aspekt nicht so trennscharf ist, wie es scheinen mag: Wenn ein Programm eine Reihe von Anweisungen beinhaltet (Befehle an die Maschine), dann ist dies ja auch eine nach Zweck-Mittel-Relationen geordnete Regelhaftigkeit von Handlungsanweisungen. Beide, das immaterielle Artefakt und die formale Technik, die man beherrscht, mögen gleich strukturiert sein, der feine Unterschied liegt zwischen Handlungsanweisung, die man erst umsetzen müsste, und tatsächlicher Handlung, die auf Willen und Können beruht. Wir können auch sagen, dass ein Programm die Vorstellung, besser sogar noch eine Theorie des Gegenstandsbereichs ausdrückt,[19] in dem die Handlungsanweisungen dann wirkungsvoll werden sollen.

Betrachten wir die vereinfachte Kette bei Produkten der industriellen Zivilisation wie *Erfindung – Entwicklung – Konstruktion – Bau – Nutzung – Instandhaltung – Entsorgung.* Wenn wir diese Kette als Betreiben von Technik verstehen wollen, so sind es eben nicht nur die Artefakte (das Gemachte, das Hergestellte), die Technik ausmachen, sondern auch die Prozesse, die zur Entstehung, zur Nutzung bis hin zur Entsorgung von Artefakten führen. Diesen erweiterten Technikbegriff[20] wollen wir im Folgenden zugrunde legen. Das bedeutet, dass wir sowohl den formalen wie auch den materialen Technikbegriff brauchen: Das Erzeugen, Nutzen und Entsorgen von Artefakten bedarf entsprechender Techniken im formalen Sinn des Begriffs. Im griechischen Begriff der τέχνη (téchne) ist diese Doppeldeutigkeit schon angelegt: Der Begriff meint einmal das Werkzeug, zum anderen aber auch die Kunst, das Handwerk, den Trick.

Noch ein Wort zum Begriff «Technologie». Er wird im Deutschen[21] überwiegend in den Medien synonym mit Technik gebraucht, manchmal wird der Begriff Technologie für die oben
genannte Kette in Bezug auf eine Klasse von Produkten oder
Verfahrensweisen benutzt, z. B. im Wort Gentechnologie oder
Kommunikationstechnologie. Zuweilen bezeichnet man auch
eine Theorie, die einen bestimmten Gegenstandsbereich technischen Wissens umfasst, erklärt und innerlich strukturiert, als
eine technologische Theorie oder auch nur kurz als Technologie. Oftmals wird dem Begriff auch die Bedeutung im Sinne
von «Lehre oder Wissen über die Technik» zugeschrieben.[22]
Davon ist die Technikwissenschaft jedoch zu unterscheiden
(vgl. Kap. 7). Wegen dieser Vieldeutigkeit soll der Begriff hier
nach Möglichkeit vermieden werden. Wenn er doch einmal gebraucht wird, dann eher im Sinne einer Klasse von Produkten,
Verfahrensweisen und damit zusammenhängenden technischen
Systemen.

3. Was heißt zivilisierte und technisierte Welt?

Die Umgestaltung der Welt,
ohne die (Gesetze der) Natur ändern zu können

Wir sprechen heute gern von Zivilisation und technischer Welt
und drücken damit aus, dass es keine unberührte Natur mehr
gibt. Nahezu alle alltäglichen Lebensvollzüge sind durch Artefakte bestimmt; die Bedürfnisse orientieren sich an materiellen
wie immateriellen Artefakten und ihren Möglichkeiten, die sie
bieten. Gleichzeitig entwickeln diese Bedürfnisse diese Artefakte
weiter: Technik erzeugt Technik. Unsere gesellschaftlichen Formen, die Art und Weise der Produktion wie die Gestaltung unserer Arbeitswelt, die wirtschaftlichen, politischen und militärischen Möglichkeiten werden durch Technik bestimmt und bestimmen diese wiederum mit. Diese technisierte Welt nennt
Jürgen Mittelstraß eine Leonardo-Welt und charakterisiert ihre
Entstehung drastisch so:

Wohin man «in der Natur» auch kommt, der erkennende, der bauende, der wirtschaftende und der zerstörende Verstand war schon immer da.

Und das war im Grunde immer so. Natur und Kultur hängen zusammen. Die Menschwerdung des Menschen war von Anfang an auch Kulturwerdung der Natur. Wo sich der Mensch seine kulturelle Umwelt schuf, veränderte er auch die Natur, eignete er sie sich durch seine Arbeit an. ... Unberührte Natur hat es in diesem Sinne in der Umwelt des Menschen nie gegeben.

Rodend, brennend, jagend, Furchen ziehend, Wasser umlenkend, die Erde nach Bodenschätzen durchwühlend, Müll produzierend, also natürliche Ressourcen verbrauchend, verändernd und substituierend eignete sich der Mensch von Anfang an die Natur an, machte sie zu seiner Umwelt. Seine Kultur schuf immer schon eine Kultur-Natur, im Guten wie im Bösen.[23]

Wir verändern die Natur, allerdings ohne die Naturgesetze ändern[24] zu können. Das bedeutet, dass wir zwar Landschaften umgestalten können, dass wir Berge versetzen, dem Meer Land abringen, Wüsten zum Blühen bringen und Wälder in Wüsten verwandeln können. Es bedeutet, dass wir womöglich die genetische Ausstattung des Menschen verändern können und damit vielleicht seine bisherigen natürlichen Eigenschaften, dass wir unsichtbare elektromagnetische Wellen erzeugen und benutzen können, aber die Natur der Natur können wir nicht ändern.[25] Wir sind in unseren Handlungsmöglichkeiten, was die Technik anbelangt, also durchaus beschränkt. Deshalb gibt es auf jeder Stufe der kulturellen und zivilisatorischen Entwicklung Grenzen technischen Handelns und technischer Entfaltung. Dazu gehören die naturwissenschaftlichen Gesetze, der jeweils aktuelle Stand des wissenschaftlichen Wissens. Auch ist bei aller Phantasie die Reichweite des herstellenden Handelns begrenzt – wir können nicht ohne Weiteres ein Mehrfaches an Energie auf Dauer erzeugen, als es der Sonneneinstrahlung auf der Erde entspricht, wir können keine Planeten oder Sonnen oder Beschleuniger so groß wie die Milchstraße bauen. Naturgesetzliche Beschränkungen, aber auch die Endlichkeit der Ressourcen und die Endlichkeit menschlicher Zeithorizonte hindern uns an allzu kühnen Projekten. Auch ist der jeweilige Stand des technischen Könnens für dessen Fortentwicklung entscheidend – die Meister fallen nicht vom Himmel. Schließlich kommt es bei Produkten auch auf die Aufnahmebereitschaft des Marktes an. Aufgrund der möglicherweise veränderten Wertepräferenz des Konsumenten treten Probleme der Akzeptabilität und der Akzeptanz auf.[26]

Zivilisation

Zivilisationen lassen sich als die verschiedenen Weisen des Umgangs mit Technik und der Gestaltung von Technik betrachten. Sie haben mit dem Überlebenskampf, der Reproduktion, der Bedarfsdeckung und der Errichtung und Erhaltung von Institutionen und Organisationen zu tun. Sie beinhalten unmittelbar das Moment der Notwendigkeit. Das bedeutet nicht nur, Technik als Voraussetzung und Resultat, sondern auch als Vehikel des menschlichen Handelns anzusehen.[27] Hier dürfen wir nicht nur an die Hervorbringungen in der Technik allein denken, sondern Zivilisation ist zu verstehen als eine regionale, nationale bis hin zu globalen Strukturen reichende organisatorische Hülle, die zu dieser Hervorbringung gehört. Hervorbringungen und organisatorische Hülle kennzeichnen und bestimmen die Ausprägung von Zivilisation. Zivilisationen können durchaus verschieden sein – wir stellen fest, dass verschiedene Nationen und verschiedene Kulturkreise unterschiedlich mit Technik umgehen und unterschiedliche Techniklinien und Organisationsformen hervorgebracht und zuweilen auch wieder aufgelöst haben.

Jede Technik hat eine solche organisatorische Hülle. Dies gilt vom Kühlschrank bis zum Kernkraftwerk, vom Computer bis zum Satellitentelefon. Wir kommen gleich darauf zurück. Davon einmal abgesehen, gibt es technologische Funktionen, wir könnten sie auch *technologische Funktionalität der ersten Art* nennen, wie Regelkreise in der Elektrotechnik, Hebel, Kraft- und Energiemaschinen etc., deren physikalische Wirksamkeit und technische Brauchbarkeit invariant gegenüber der kulturellen Ausprägung der organisatorischen Hülle sind. Anders ausgedrückt, ihr Funktionieren bedarf nicht der Zustimmung oder irgendeines institutionellen Konsenses. Diesen Zusammenhang haben wohl Ingenieure im Kopf, wenn sie in Debatten mit den Geisteswissenschaftlern gerne ins Feld führen, dass man über das Funktionieren eines Transistors oder über die mathematischen Grundlagen der Statik schlecht diskutieren und danach abstimmen könne. Dadurch konnte sich die Auffassung bilden, dass Technik als rationales Handeln aufgrund einer vorgegebenen Ziel-Mittel-Relation zunächst wertfrei sei, da sich die Technik immer nur auf das Mittel und nicht auf den Zweck beziehe und die Funktion des Mittels unabhängig vom Zweck zu definieren und zu optimieren sei.

Die organisatorische Hülle einer Technik umfasst alle Organisationsformen, die notwendig sind, um die Funktionalität eines technischen Artefakts überhaupt ins Werk setzen zu können.[28] So umfasst beim Artefakt Auto die organisatorische Hülle das gesamte System vom Straßenverkehrsnetz über die Proliferationssysteme für Treibstoff und Ersatzteile bis hin zu den rechtlichen Regelungen, z. B. der Kfz-Zulassung oder der Straßenverkehrsordnung. Wer Autos baut, muss deshalb daran interessiert sein, dass diese organisatorische Hülle intakt ist. Ohne diese Hülle könnte das Auto seine ihm zugedachte technische Funktionalität gar nicht erfüllen. Eine solche Hülle konstituiert *eine technologische Funktion zweiter Art*, die sich in der konkreten Operabilität von geeignet installierter und organisierter Technik ausdrückt. Es ist offenkundig, dass die organisatorische Umgestaltung unserer Zivilisation durch die Informations- und Kommunikationstechnologien keine dieser organisatorischen Hüllen unberührt lässt.

Zwischen solchen organisatorischen Hüllen, die staatlich, privatwirtschaftlich, kooperativ, individuell oder oft auch gemischt realisiert werden können, gibt es Austauschprozesse, die ein System konstituieren,[29] das diese organisatorischen Hüllen trägt und stabilisiert. Wir nennen dieses System im Allgemeinen «Gesellschaft». Früher bestanden diese Austauschprozesse im Tausch von Naturalien, die im Laufe der Zeit verderblich wurden. Ihr Tauschwert hing nicht explizit von einem politischen oder kulturellen Kontext der Institution ab, die diesen Tauschhandel organisierte. Heute sind diese Austauschprozesse durch Trägersubstrate realisiert, die offensichtlich gegenüber dem, was sie zum Austausch tragen, invariant sind: Diese Träger sind Geld, Macht und – wahrlich keine neue Einsicht – Information.

Die Invarianz des Wertes eines bestimmten Geldbetrages von der Art und Weise, wie er gewonnen, verdient oder erhoben wurde, ist eine Eigenschaft,[30] die ein Träger wie das Geld braucht, um überhaupt für Austauschprozesse fungieren zu können. Erst die Vorstellung der Äquivalenz von Waren, Gebrauchsgütern und Arbeitsleistung, wie sie schon im Tauschhandel vorhanden ist und wie sie sich – nach einem Prozess der Abstraktion – im Geld materialisiert, gibt der Funktion des Geldes seine begriffliche und institutionelle Grundlage.

Die Wirksamkeit von Prozessen, an denen Geld, Macht und Information beteiligt sind, beruht auf institutionellen, nicht auf natürlichen Tatsachen. So ist das Akzeptieren von Geld eine institutionelle Tatsache im Gegensatz zu einer natürlichen Tatsache, etwa wie ein Regelkreis funktioniert oder ein Hebelgesetz angewendet werden kann. Karl Popper hat diesen Unterschied unvergleichlich so illustriert: Man kann nicht mehr Münzen oder Geldscheine aus seiner Geldbörse herausnehmen, als tatsächlich darin sind (eine natürliche, physikalische Tatsache), man kann aber, wenn man entsprechend verhandelt, sein Bankkonto überziehen (eine institutionelle Tatsache).[31] Auch die Wirkung von Information oder schon das Akzeptieren einer Information ist ebenso eine institutionelle Tatsache und extrem kontextabhängig. So stellt das Entstehen von Wissen aus Information einen individuellen Prozess dar, der von einer Reihe vorheriger Zustimmungsakte über Bedeutung und Gebrauch sprachlicher Ausdrücke und bildlicher Zeichen abhängt. Und die Wirksamkeit der Macht hängt von der Zustimmung der Beherrschten ab; ob jemand Macht hat und herrschen kann, ist ebenfalls eine institutionelle Tatsache.[32]

Die organisatorische Hülle kann regional sein, wenn wir beispielsweise an nationalstaatliche Regelungen wie Recht und Sicherheitstechnik denken, sie kann aber auch global sein bei entsprechender technologischer Entgrenzung, wenn die organisatorische Hülle einer Technik, z. B. des Luftverkehrs oder des Computernetzes, über die nationalen Bereiche nicht nur geographisch, sondern auch hinsichtlich regulatorischer Kompetenz hinausgeht. Dies führt uns dazu, von globaler Zivilisation zu reden. Systematisch ist der Begriff der organisatorischen Hülle zwar noch lange nicht vollständig ausgedeutet, er kann uns aber hier helfen, den Begriff der Zivilisation zu fassen.

Mittels einer organisatorischen Hülle weist Technik, wie oben erwähnt, eine *Funktionalität zweiter Art* auf, und diese ist nicht nur abhängig von den Mitteln, sondern auch von den Zwecken und Zielen. Das bekannte Beispiel des Küchenmessers hat in Deutschland zu der abschätzigen Bezeichnung «Küchenmesserphilosophie» geführt, als man über die Neutralität der technischen Mittel diskutierte. Hat man ein Messer, kann man es für noch andere Zwecke benutzen, als wofür es hergestellt oder gekauft wurde. Einige benutzen Messer als Schraubenzieher, als Bohrer oder als Reinigungswerkzeug – man kann damit eine Kartoffel schälen oder jemanden erstechen.

Das entscheidende Argument gegen diese Neutralitätsvorstellung wurde von Friedrich Rapp entwickelt. Er unterscheidet zwischen einer methodologischen Neutralität als einer Anwendbarkeit für beliebige Zwecke (was der Funktionalität erster Art entsprechen würde) und einer Neutralität *de facto* sowie einer psychologischen und sozialen Neutralität. Nur die methodologische Neutralität lässt sich für die Technik behaupten, während unsere Entscheidung sowie die Ziel-Mittel-Relation von faktischen, psychologischen und sozialen Umständen beeinflusst werden.[33]

Technik als Kulturleistung

Wenn wir fragen: «Was verändert Technik?», ist dies bewusst doppeldeutig gemeint: Wir können zunächst die Änderung, die sich durch die jeweilige Kultur in der Technik selbst vollzieht, betrachten, aber auch versuchen, die Veränderungen, die von der Technik in der Kultur hervorgerufen werden, ausfindig zu machen.

Beginnen wir mit den Veränderungen in der Technik selbst. Die Tendenz zur Universalisierung drückt sich deutlich sichtbar in der Diffusion der Rechnertechnik in alle Bereiche technischer Funktionalität aus. Was als Siegeszug beschrieben wird, ist die Ersetzung ursprünglich mechanisch oder elektrotechnisch realisierter Funktionen durch die Funktionen von Mikroprozessoren – dies verändert die Produktentwicklung, die Produktionstechnik und verschiebt das Spektrum der Dienstleistungen hin zu völlig neuen Angeboten. Diese Ersetzung und Verschiebung verdanken sich der Tatsache, dass der Computer zusammen mit dem technischen Gerät, das er jeweils steuert, zu einer Universalmaschine geworden ist, da die Funktionalität, die ein solches Gerät annehmen kann, nicht mehr so sehr in der Technik des Geräts, sondern im frei definierbaren Programm des Rechners liegt. Mit anderen Worten: Alles, was formal beschreibbar (oder möglich) und was physikalisch möglich ist, kann durch eine Maschine plus Computer heute oder eines Tages realisiert werden.

Das viel diskutierte Zusammenwachsen von Informations- und Kommunikationstechnik, das mit der Digitalisierung der Kommunikationstechnik begann – der Rechner wurde zur elektronischen Vermittlung, zum Informationskanal und zum Medium der Darstellung von Information –, ist ein weiteres Zeichen für die Tendenz zur Universalisierung. Das Instrument technischen Handelns wird in gewisser Weise parametrisiert – man kann per Touchscreen einstellen, welche Art von «Werkzeug» ein universales Gerät gerade sein soll (Telefon, Rechner, Notizblock, Spielebox, Terminkalender, Video- oder Radioempfänger, Kompass, Uhr, Wecker, Lexikon, Buch, Zeitung, Suchmaschine etc.).[34]

Die technische Entwicklung hat Auswirkungen auf das, was wir noch ungenau Kultur genannt haben. Durch ihren substituierenden und universalen Charakter entwickelt sich moderne Technik über ihre organisatorische Hülle hinaus weiter, d. h., sie verändert sie und schafft sie sich neu. Sie sucht sich eigene Organisationsformen und Begrifflichkeiten; und sie übt Druck aus, über Zwecke zu diskutieren. Hier liegt der Zusammenhang zur Ethik.

Diese Selbstübersteigerung der Technik äußert sich auch im Spiel, dort, wo mit Technik und mittels der Technik gespielt wird, also in einer Handlung, die vom äußeren Zweck absieht, sofern man das Gelingen des Spiels als inneren Zweck zulässt. Sie äußert sich zum anderen auch in der Ästhetik, die, zum Teil ungewollt, ihre Faszination aus der Funktionalität bezieht – denken wir an Schaltoberflächen, mikroskopische Aufnahmen von Chips, an eine elegante Industriearchitektur oder an die filigrane Struktur von Hochspannungsmasten oder Raffinerien. Mit zu dieser Ästhetik gehört auch die Eleganz einer technischen Lösung, denn so, wie wir die Eleganz einer Theorie oder eines mathematischen Beweises bewundern, billigen wir bestimmten Konstruktionen eine Eleganz zu. Aber ist das schon alles?

Der Soziologe Arno Bammé hat behauptet, dass man durch Globalisierung von Wirtschaft und Technik eine Weltkultur erhalten würde.[35] Doch was ist damit gemeint? Eine McDonald's-Kultur, die sich als Subkultur in der gesamten Welt und damit in allen Zivilisationen und den unterschiedlichen Kulturen ausbreitet? Meinen wir damit das einheitliche Flair eines Flughafens, welches einem begegnet, gleichgültig in welchem Land der Welt man sich befindet, oder meinen wir eine universalistisch technologische Denkweise, die alle Kulturen mehr oder weniger im Zug ihrer Verwestlichung erfasst?

Vielleicht müssen wir erst einen Blick darauf werfen, wie verschiedene Kulturen unterschiedlich mit Technik umgehen. Der Verdacht, Technik habe etwas Einebnendes, Egalisierendes, sich über gewachsene Kulturen Hinwegsetzendes, liegt nahe, wenn man an die Technik und die Funktionalität der ersten Stufe denkt, also nur die einfachen Artefakte selbst im Blick hat: Hebel, Schraube und Regelkreis sind kulturinvariant und setzen sich deshalb auch in allen Kulturen durch. Gerade aber die Technikgeschichte zeigt, dass auch solche einfachen Funktionalitäten durchaus eine Kulturbindung aufweisen: Die Schraube ist technikgeschichtlich vergleichsweise alt, und ihre Funktionalität, nämlich Verbindungen kraftschlüssig zu schaffen, wurde in anderen Zivilisationen und Kulturen durchaus auch anders ins Werk gesetzt.[36]

Auch die PCs scheinen in aller Welt in etwa gleich zu sein. Schaut man jedoch genauer hin, dann sieht man, dass die westliche Dominanz dieser Architektur, insbesondere die Bindung an die englische Sprache, anfänglich zu erheblichen Schwierigkeiten führte. Um einen PC mit westlicher Software beispielsweise in China, Japan oder in arabischen Ländern einzusetzen, bedarf es einiger Änderungen, denkt man nur an das Problem der Tastatur. Auch stoßen sogenannte digitale Signaturen in Japan auf Ablehnung, weil dort jeder Mensch ein Siegel trägt, das sich auch in der Rechnerkommunikation bildlich applizieren lässt. Es scheint also gerade so zu sein, dass nicht nur die Technik auf die organisatorische Hülle einen Veränderungsdruck ausübt, der kulturell spürbar wird, sondern dass auch die jeweiligen organisatorischen Hüllen in ihrer kulturellen Einbettung unterschiedliche Nutzungsweisen von Technik zur Folge haben.

Die Technik und unser technisches Wissen sind alles andere als einheitlich. Technik muss nicht zwangsläufig zu einer Vereinheitlichung oder Einebnung der Kulturen in diesem Sinne beitragen, sondern kann auch zu deren Ausdifferenzierung führen.

Aus dieser Beobachtung resultiert ein weiteres, dieses Mal geisteswissenschaftliches Missverständnis von Technikkritik. Aus der Tatsache, dass unterschiedliche Kulturen mit ein und derselben Technik verschieden umgehen, wird auf unterschiedliche Logiken geschlossen, die diesen Kulturen zugrunde liegen. Demnach müssten verschiedene Kulturen, hätte man sie sich ungestört weiterentwickeln lassen, auch andere Maschinen und andere Theorien zur Begründung ihres technologischen Wissens hervorgebracht haben. Abgesehen davon, dass diese These prinzipiell nicht testbar ist, krankt diese Vermutung an einem Missverständnis des Begriffs «Logik».

Die Invarianz der Grundfunktion von Maschinen gegenüber dem kulturellen Kontext unterschiedlicher Hochkulturen kommt daher, dass alle diese Kulturen die mathematische Grundlage von Maschinen, die sogenannte Zustandsraumbeschreibung, als universal anerkannt haben. Letztlich steckt hinter diesem Zustandsraumschema das Kausalschema der griechischen Aufklärung, das durch die abendländische Wissenschaft zu der heute bekannten Form weiterentwickelt worden ist und das erst durch die Physik des 20. Jahrhunderts modifiziert, aber nicht außer Kraft gesetzt wurde.

Auch der Einwand, dass die verschiedenen Kulturen ein unterschiedliches Verhältnis zum Kausalnexus hätten, ist nicht haltbar. Selbst in der Magie besteht ein hypostasierter Kausalnexus, nur dass dort geglaubt wird, die Ursache für eine Wirkung in der Außenwelt komme nicht aus der Außenwelt selbst, sondern werde durch einen inneren psychischen Zustand erzeugt. Die Magie des verständnislos durchgeführten Rituals gibt es übrigens auch in der zeitgenössischen Technik, vornehmlich in Anwendungs- und Umsetzungsbereichen, in der «Bedienung» der Maschine, in der Exekution reinen Regelwissens. Das rein rezeptologische Denken, das auf Begründungswissen verzichtet oder auch aus ökonomischen Gründen oft verzichten muss, ist häufiger anzutreffen als vermutet. Ebenso wie der Magier kann der Dienstleister beim Reparaturservice oft nicht sagen, was er tut und warum das, was er tut, auch funktioniert. Wenn sich ein Fehler zeigt, wird eben das Modul ausgewechselt und die Maschine funktioniert wieder.

Dass die verschiedenen Kulturen sich zu Maschinen anders verhalten, weil sie als Kultur eine andere «Logik» hätten, ist demnach unwahrscheinlich. Sie verhalten sich anders zu den Maschinen in der Gestaltung der Zivilisation, das heißt genauer: im Umgang mit Widersprüchen innerhalb der jeweiligen organisatorischen Hülle.

Bei der Frage nach der kulturstiftenden Potenz der Technik stoßen wir auf die Wechselwirkung zwischen Technik und Zivilisation und stellen überrascht fest, dass der erweiterte Begriff von Technik diese Dynamik der Zivilisation schon mit beinhaltet, weil die organisatorische Hülle bereits zur Technik gehört. Wir betrachten ein technisch-organisatorisches System mit seinen einzelnen Komponenten wie Apparaten, Anlagen, Programmen, Verfahren, kurz auch Realtechnik genannt, sowie deren Organisation, die wir nur aus der Wechselwirkung zwischen beiden Ebenen verstehen können. So scheint es begrifflich vorteilhafter zu sein, nicht die Veränderungen der technischen

Hervorbringungen, sondern die Veränderung des Charakters der Wechselwirkung zwischen Techniken und Organisation als Ausgangspunkt für die Frage nach dem *movens agens* der kulturstiftenden Potenz der Technik zu betrachten.

Der τεχνίτης (technítes) als Mitgestalter der Lebenswelt

Im antiken Griechenland wurden die Handwerker, die βαναύσοι (banausoi) verachtet, sie gehörten dem dritten Stand an. Zusammen mit dem τεχνίτης (technítes),[37] dem Techniker, waren sie aber, wie man heute sagen würde, notwendig zur Erhaltung der damaligen Zivilisation. Wissenschaft, Mathematik, Philosophie, aber auch Baukunst fielen zusammen. Aristoteles unterschied feinsinnig zwischen einer Haltung des Hervorbringens oder Herstellens, also der Produktion, bei der das Ziel der Handlung von der Handlung getrennt war, sowie einer Haltung, bei der das Ziel im Handeln selbst liegt. Das eine nannte er ποιειν (poïein), das wir heute als Praxis des Herstellens oder Hervorbringens bezeichnen, das andere πρακτειν (praktein), das Gut-Handeln, was seit Kant als Praktische Vernunft bezeichnet wird.[38] Diese mehr als 2000 Jahre alte begriffliche Trennung hat die Verachtung des Handwerks und des «bloß» Technischen in der abendländischen Kulturgeschichte wenn nicht begründet, so doch massiv befördert, und sie findet sich heute noch in der Auseinandersetzung zwischen dem, was Charles P. Snow die zwei Kulturen genannt hat. Er meinte die mathematisch-naturwissenschaftlich-technische Kultur, die technisch-praktisch und zielorientiert vorgeht und bei der die Empirie das wichtigste Kriterium liefert, sowie die geisteswissenschaftlich und künstlerisch orientierte Kultur, bei der die Reflexion und die begrifflich-theoretische Vernunft eine dominante Rolle spielen.[39]

Im Laufe der zweiten Hälfte des 20. Jahrhunderts hat sich deren Verhältnis gewandelt. Langsam veränderten sich die Lehrpläne der Gymnasien, das naturwissenschaftlich-technische Lager gewann die Oberhand bei der Themensetzung, den Fördergeldern und der Ausrichtung der Ausbildung und der Lehre. Man erkannte auch in intellektuellen Kreisen, dass der τεχνίτης

nicht nur ein Macher ist, der einfach draufloskonstruiert und
-baut, sondern dass er mit seinen wirkmächtigen Hervorbringungen unsere Welt mitgestaltet und letztlich auch deutet. Also
wollte man das, was er tut und warum er es so tut, wie er es tut,
besser verstehen, man wollte die Folgen seines Tuns antizipieren – die Technikfolgenabschätzung entstand als Disziplin und
als Institution in den USA in den 1970er, in Europa in den 1980er
Jahren. Auch dies hat zum Aufstieg der Philosophie der Technik
(im angelsächsischen Sprachgebrauch *Philosophy of Technology*) als philosophischer Disziplin geführt.

4. Grundströmungen der Philosophie der Technik

Die folgende Übersicht kann lediglich dazu dienen, eine kurze
Chronologie der wichtigsten Fragen und Antwortversuche darzustellen.[40] Es geht darum, einen Blick darauf zu werfen, wo,
wann und wie sich Philosophie und in Grenzgebieten auch die
Theologie mit dem Problem der Technik beschäftigen. Aufgrund des vorigen Kapitels werden wir auch auf die Einbettung
und den Gebrauch von Technik, also auch auf deren kulturelle
Auswirkung und gesellschaftliche Wirkmächtigkeit schauen.

Im Alten Testament bzw. in der Tora findet man keine Position zum Gebrauch der Technik. Das Buch Genesis ist keine naturwissenschaftliche oder chronologisch historische Aussage
über die Entstehung der Welt, sondern eher ein Hymnus, der
theologische Inhalte über Gott und das Verhältnis zwischen ihm
und dem Menschen vermitteln will. Die vielfach zitierte Stelle:

> Gott segnete sie, und Gott sprach zu ihnen: Seid fruchtbar, und ver-
> mehrt euch, bevölkert die Erde, unterwerft sie euch, und herrscht
> über die Fische des Meeres, über die Vögel des Himmels und über
> alle Tiere, die sich auf dem Land regen. (Gen 1,28)

wurde vielfach als Erlaubnis zur Unterwerfung aufgefasst, zu-
mal bereits vorher berichtet wird:

Dann sprach Gott: Lasst uns Menschen machen als unser Abbild, uns ähnlich. Sie sollen herrschen über die Fische des Meeres, über die Vögel des Himmels, über das Vieh, über die ganze Erde und über alle Kriechtiere auf dem Land. (Gen 1,26–27)[41]

Interessanterweise wird der Mensch aus dem Ackerboden erst geformt, nachdem dieser Ackerboden durch Regen fruchtbar wird (Gen 2,7).[42] Schon bereits im Paradies bebaut und hütet der Mensch den Garten Eden (Gen 2,15), es ist selbst da schon das zweckgerichtete Handeln zu sehen. Nach dem Sündenfall erkennen Adam und Eva, dass sie nackt sind (Gen 3,7), der Genuss vom Baum der Erkenntnis desillusioniert sie, sie erkennen nicht nur den Unterschied zwischen Gut und Böse, sondern auch ihre Blöße, ihre Mangelhaftigkeit, die sie notdürftig mit Feigenblättern zu verbergen suchen (Gen 3,7). Das erste kompensatorische Moment ist angesprochen: Noch ist es Gott, der für Adam und Eva notdürftige Bekleidung fertigt, um ihre Nacktheit zu bedecken (Gen 3,22), und Adam muss sich im Schweiße seines Angesichts aus dem Ackerboden ernähren (Gen 3,19), aus dem er selbst geformt wurde (Gen 3,23). Der Ackerboden dient nach dem Sündenfall dem Menschen als Lebensgrundlage.

Man kann diese biblische Geschichte auch lesen als Reflex auf die Umbrüche der mittleren Bronzezeit, den Übergang von den Jagdkulturen in den Ackerbau und die dazugehörende Instrumentalisierung des zweckgerichteten Handelns: Der erste Mensch hat noch keine Werkzeuge, wird sie aber außerhalb des Paradieses bald brauchen, um zu überleben.

Wir nennen hier die Tora resp. das Alte Testament in einem Atemzug mit anderen Schöpfungsmythen, weil sie alle dasselbe Moment aufweisen: Dass es die Welt gibt, ist den Göttern geschuldet, die wiederum ihre Entstehung anderen Göttern, Urmüttern oder Titanen verdanken. Die Erschaffung der Welt gelingt ohne Werkzeug, der Mensch jedoch bedarf des Werkzeugs und anfänglich bekommt er es von den Göttern. Danach eignet er sie sich nach eigenem Willen an. Damit kommt es zum ersten bewussten, willentlichen Gegensatz von Göttlichem und Menschlichem.

Mythos und Antike

Auch die griechische Mythenwelt thematisiert den Übergang von der Nomadenkultur zum Ackerbau und sie erzählt von den Konflikten zwischen Göttern und Menschen. Neben die unmittelbare Naturerfahrung treten eine arbeitsteilig organisierte, bewusste Indienstnahme von Naturalien und die Hervorbringungen von Artefakten durch den Menschen. In den Tragödien und Dichtungen seit der Zeit um Homer (ca. 850 v. Chr.) erhalten die Menschen von den Göttern Technik (im Sinne von Gerätschaften) und Techniken (im Sinne von Verfahrensweisen) – diese kompensieren den Verlust der unmittelbaren Naturerfahrung und der Gaben der Natur.[43]

Der «Sündenfall» liegt hier anders: Im Mythos des Prometheus spielt die Technik – hier das Feuer und der Umgang damit – nicht nur die Rolle einer von den Göttern ertrotzten Errungenschaft, vielmehr verbessert Prometheus den Gebrauch des Feuers und will sogar menschenähnliche Gestalten schaffen. Das erst lässt die Götter zum Gegenschlag ausholen: Der Frevler wird an einen Fels im Kaukasus geschmiedet, ein Adler hackt ihm die nachwachsende Leber aus und erst Herkules wird ihn befreien.

Odysseus ist bei Homer nicht nur der Kriegsheld, sondern der Listenreiche. Seine Abenteuer signalisieren die Klugheit, die darin besteht, von unmittelbarer Bedürfnisbefriedigung zurückzustehen, um nachher einen größeren Vorteil genießen zu können. Die List (eben τεχνη) wirkt zeitversetzt, täuscht den Gegner, der seine Bedürfnisse sofort befriedigen möchte und deshalb scheitert. So ist es auch mit dem Herstellen: Verse, Tanz und Dinge müssen erst hergestellt werden, bevor man sie genießen oder gebrauchen kann. Die Webkunst der Athene ist beim Dichter Pindar (518–445 v. Chr.) Vorbild für diese Hervorbringung. Kunst und Technik werden zusammen als Gleiches gesehen.[44]

Thales von Milet (624–546 v. Chr.) ist hingegen kein Dichter, sondern erfolgreicher Kaufmann, politischer Berater und Mathematiker. Er sagt wohl als Erster eine Sonnenfinsternis voraus, indem er bei den Sonnen- und Mondständen sowie früheren

Sonnenfinsternissen auf Tafeln babylonischer Astronomen auf gewisse zeitliche Rhythmen stößt und diese extrapoliert.[45] Es ist der Beginn von Wissenschaft im Sinn erster Theoriebildung, die über die Mythen hinausgeht, die nicht erzählt, wie alles durch Götter und Ur-Kräfte zustande gekommen ist, die also durchaus schon Kausalität kennt und rechnet. Dies tut sie, indem sie ausnützt, was als das Gleiche im Verschiedenen, das wiederholt Auftretende im Geschehen, das Bleibende hinter dem Wandel erkannt werden kann. Bei Thales findet sich bereits die Idee der Konstruktion: Aus der Reißkunst der Ägypter, deren Land er bereiste, entwickelt er die Anfänge der deduktiven Geometrie, die sich als höchst nützlich erweisen.

Naturgemäß werden wir fündig bei Platon (428–348 v. Chr.), der das Problem der Technik in zwei Richtungen entfaltet: Zum einen bedarf die Technik (also das Herstellen von Artefakten, die nützlich sind), der Idee, des εἶδος, und damit einer bereits existierenden Vorstellung, die dem Artefakt vorgängig ist. So ist das Gerät nur Abbild einer Idee, wie es bei allen anderen materiellen Dingen auch der Fall ist, und der Mensch könnte dieses Gerät nicht bauen, wenn er sich nicht an diese Idee entweder erinnern würde oder nicht an ihr durch Bildung, Philosophie und Muße zunehmend teilhätte. Erfinden von Artefakten ist in dieser platonischen Version also immer ein Entdecken dessen, was es im Reich der Ideen schon gibt. Im Dialog *Timaios* findet sich das Handwerk als nachahmendes Handeln des Schöpfers, der selbst der große Handwerker ist, der Demiurg.[46] In *Kratylos* wird die herstellende Technik thematisiert, die zum Produkt führt,[47] im *Politikos* die aneignende Technik (im formalen Sinne) wie z. B. die Arithmetik oder Staatskunst, die ein Können darstellt.[48] Techniken sind auch die Heilkunst, die Kunst des Turnens, die Gesetzgebung und die Rechtspflege – so im Dialog *Georgias*.[49] In seinem siebten Brief sowie im Dialog *Phaidros* kritisiert Platon die Kunstfertigkeit der Schrift als eine Kulturtechnik, die das lebhafte Denken verhindere, weil sie die Illusion erzeuge, man könne damit Gedanken konservieren.[50] Dadurch gehe der lebendige Gedanke in der aktuellen Auseinandersetzung des Gesprächs verloren.

Man kann Platon dahingehend interpretieren, dass er Technik mit Kunstfertigkeit gleichsetzt und dieses Wissen immer eines personellen Trägers bedarf.[51] Die Sokratische Position in den Dialogen lässt vermuten, dass Technik zwangsläufig unterbestimmt bleiben muss, wenn sie nur auf einer «rein auf technologischem Wissen basierenden Theorie von Technik» basiert.[52] Deshalb müssen epistemische und ontologische Prinzipien hinzukommen. Spielt man das durch, dürften die stochastischen Künste entweder keine Techniken sein oder es sind keine Theorien über sie möglich, weil das zugehörige Wissen nicht vollständig bestimmbar ist. Damit sind diese Künste für Platon wohl auch nicht mehr philosophisch ernst zu nehmen – der antiken Verachtung des Handwerklichen ist auch hier der philosophische Boden bereitet.

Aristoteles (384–322 v. Chr.) hat die Platonische Ideenlehre nicht weiterverfolgt und nicht verwendet, auch wenn er sich einer unmittelbaren Polemik gegen seinen Lehrer Platon enthalten hat. Weder Platon noch Aristoteles sind Philosophen, die ihre philosophischen Entwürfe auf einer Deutung von Technik aufbauen oder sich bei ihren philosophischen Fragen vorwiegend der Technik zuwenden würden.

In seiner Physikvorlesung unterscheidet Aristoteles die Produkte der Natur (wie Tiere, Pflanzen), die zielgerichtet entstehen, vom Künstlichen. Natur ist das, was seine Bewegungsgründe, sprich Ursachen der Veränderung, in sich selbst hat. Artefakte sind vom Menschen gemacht, haben also ihre Entstehungsursache außer sich selbst.[53] Artefakte wie Bett, Haus oder Mantel bewegen oder verändern sich bei Aristoteles nicht aus sich heraus – sie haben kein Bestreben nach natürlicher Veränderung.[54] Ihnen wohnen andere Prinzipien inne als den natürlichen Dingen, deshalb kann man, wenn man die Prinzipien kennt, die natürliche von der erzwungenen, sprich hier technischen Bewegung unterscheiden.[55] Die Technik beschreibt die Erzeugungsweise künstlicher Dinge,[56] denn *téchne* ist Hervorbringung dessen, was die Natur nicht von sich aus vermag. Deshalb fragen die Wissenschaften, die *téchne* hervorbringen, nicht nach dem Ziel von Naturprozessen oder nach deren letztem Grund, sondern sie sind ausgerichtet auf das Entgegengesetzte: die Heilkunst gegen die Krankheit, die Mechanik gegen die Schwere und Unbeweglichkeit, die Schrift gegen das Vergessen, das Drama gegen die Verschmutzung der Seelen, die Baukunst gegen das Unbehaustsein und die Wettereinflüsse.[57]

Der Techniker muss sich die Form des zu Schaffenden vorstellen können – hier klingt noch leise Platons Ideenlehre durch. Er nimmt die Bestandteile des zu Schaffenden aus der Natur und fügt sie zusammen. Der Zweck ist die Erfüllung menschlicher Ziele und Bedürfnisse. Werkzeuge werden hergestellt mittels anderer Werkzeuge, aber die Hand ist das Werkzeug der Werkzeuge, und sie wird ergänzt durch die menschlichen Organe.[58]

Die Ursache des Artefakts liegt in der aristotelischen Bestimmung der *poiësis*, ihre Voraussetzung ist die *téchne* als Prinzip des Hergestellten. Dabei macht Aristoteles eine Unterscheidung, die bei der Diskussion um vernünftigen Technikgebrauch heute noch eine Rolle spielt. Es geht um die einer Handlung zugrunde liegende Haltung. Es ist nicht verwunderlich, dass sich diese Unterscheidung in seiner Ethik findet:

> Bei dem, was Veränderung zulässt, ist die Möglichkeit des Herstellens (ποίητον) und die des Handelns (πράκτον) zu unterscheiden. Poiesis ist etwas anderes als Praxis … Deshalb sind auch die handelnde Vernunftshaltung und herstellende Vernunftshaltung unterschieden. Keine ist im anderen mit enthalten, denn weder ist Herstellen Handeln noch Handeln Herstellen. Nun kennen wir ja das Hausbauen, dem ein technisches Wissen (téchne) zugehört; dieses Wissen entspricht der herstellenden Vernunftshaltung. Es gibt kein technisches Wissen, das nicht mit der herstellender Vernunftshaltung verbunden wäre, und umgekehrt keine solche Haltung, die nicht auf technischem Wissen beruht. Das heißt aber, dass technisches Wissen gleichbedeutend ist mit sachlich richtiger, auf Herstellung abzielender Vernunftshaltung. … Herstellen und Handeln gehören jeweils einem anderen Begriffsbereich (γένος) an. Denn beim Herstellen ist das Ziel von diesem verschieden, nicht so beim Handeln; denn das Gut-Handeln (εὐπραξία) ist selber das Ziel.[59]

In der abendländischen Begriffsgeschichte ist diese Stelle deshalb zentral, weil sie die eindeutige Priorisierung des Gut-Handelns vor dem herstellenden Handeln mitbegründen half, die sich heute in der Diskussion um die instrumentelle Vernunft der technisch-wissenschaftlichen Kultur mit ihrem angeblichen Primat der Zweck-Mittel-Relation einerseits und der erwägenden, praktischen Vernunft in ihrer ethischen Problematisierung der Zwecke andererseits niedergeschlagen hat.

Schließlich bedarf es bei der *eupraxía* der Klugheit, d. h. der Vermeidung von Überfluss wie Mangel als Tugend der Mitte. Sie ist eine Bedingung des Handelns. Der Politiker wird gesehen als der Architekt der Handlungen anderer (Politik I), und auch dies verlangt die Tugend der Mitte.[60]

Wir machen einen großen zeitlichen Sprung unter weitgehender Auslassung des Mittelalters. Die Philosophie nach Aristoteles bis zur Scholastik erreicht nicht mehr die Höhe der griechischen Aufklärung, und die bemerkenswerteren Ergebnisse der späten Antike laufen eher auf eine christliche Interpretation und theologische Umdeutung von Platon hinaus. Hinsichtlich der mathematischen Kenntnisse wird in Europa das Niveau eines Archimedes wohl erst wieder im 16. Jahrhundert erreicht.[61]

Roger Bacon: Imitation

Umberto Eco lässt in seinem Roman *Der Name der Rose* Roger Bacon (1214–1292) zu Wort kommen, der sich über Maschinen, wie sie noch kein menschliches Auge erblickt hat, begeistern kann:[62]

> Roger Bacon, den ich als meinen Meister verehre, hat uns gelehrt, dass der göttliche Plan sich durch die Wissenschaft der Maschinen verwirklichen wird, die eine heilige und natürliche Magie, die eine magia naturalis et sancta ist. Und Kraft der Natur wird man eines Tages Navigationsinstrumente bauen, dank welcher die Schiffe von nur einem Mann gelenkt übers Meer fahren können, und sogar wesentlich schneller als jene, die angetrieben werden von Segeln oder von Rudern.

Bei Bacon lesen wir in der Tat, was uns aus heutiger Sicht fast vertraut und dennoch fremd vorkommt:

Es wird nämlich Schiffsfahrzeuge ohne Ruderer geben, so dass große Schiffe, sowohl auf dem Flusse wie auf dem Meere, von einem einzigen Menschen gelenkt, schneller dahingleiten können, als wenn sie von vielen gerudert würden. Auch Wagen können hergestellt werden, die ohne Zugtier mit unglaublichem Schwung dahinrollen werden, so wie wir es von den Sichelwagen der Alten erfahren haben. Und Flugmaschinen sind möglich, in deren Mitte der Mensch sitzt und eine sinnreiche Vorrichtung handhabt, durch die künstliche Flügel die Luft gleich einem fliegenden Vogel schlagen. Ferner sind Instrumente möglich, die, obgleich selbst klein, zum Heben oder Senken der schwersten Gewichte ausreichen. ... Auch wird man leicht Instrumente bauen können, mit denen ein einziger Mensch durch Gewalt tausend Menschen gegen ihren Willen an sich ziehen, und so von anderen Dingen ablenken kann. Auch sind Maschinen möglich, mit denen man ohne körperliche Gefahr auf den Grund eines Meeres oder Flusses hinabtauchen kann.[63]

Die Natur ist bei Roger Bacon zwar mächtig *(potens)* und wunderbar *(mirabili)*, aber die Kunst ist mächtiger, wenn sie sich der Tugend der Natur *(virtute naturali)* bedient.[64] Die genannten Instrumente sind Ausflüsse der Kunst, die «ihrerseits die Natur imitiert». Sie reproduzieren aber nicht die Form, sondern die Wirkungsweise – und daher sind sie keine Magie und nichts Übernatürliches, wovor man Angst haben müsste.

Die Begeisterung Roger Bacons ist unverkennbar – die Erwartung überwindet alle Furcht, die dem mittelalterlichen Denken innewohnen kann. Weitere Schritte zur Rehabilitation der Neugier macht Nikolaus von Kues (1401–1464), dieser immer noch faszinierende Vermittler zwischen dem Mittelalter und der Renaissance: Jede gewonnene Erkenntnis führt zur belehrten Unwissenheit, der *docta ignorantia*.[65] Die Ungenauigkeit und Unabschließbarkeit unseres Wissens ist der Verweis auf die uneinholbare Absolutheit des göttlichen Wissens. Das Zählen, das Messen, das Wägen, das alles tun wir, um zu neuem Wissen zu gelangen. Aber dies legitimiert die Naturerkenntnis lediglich aus dem Mangel an Adäquatheit gegenüber dem göttlichen Wissen, sie kommt an die Sphäre Gottes nie heran. Gleichwohl müssen wir zählen, messen und wägen; es gilt nicht nur in der Mathematik und Geometrie, sondern auch allgemein der Satz:

«Solus scit qui fecit» – nur der weiß es, der es auch macht.[66] Aus dem Streben nach Wissen wird deshalb ein Streben nach Handeln. Zwar ist die Welt als Vermittlungszusammenhang von Teilen gedacht, die zusammenstimmen, aber wenn man in der Welt handelt, ist dies kein Vorgehen gemäß der Vorstellung göttlicher Schöpfung, sondern die Zwecke müssen vom Menschen gesetzt werden. Das klingt erstaunlich nach Neuzeit. Das Herstellen ahmt allerdings nicht die Natur nach, sondern das Urbild des Hergestellten ist – cusanisch gedacht – in unserem Geist.[67] Dies ist durchaus noch eine platonische Position.

Leonardo da Vinci: Erfinden

Leonardo da Vinci (1452–1519) war die herausragende Gestalt der Renaissance. Man kann von ihm allerdings nicht behaupten, dass er lehrender Philosoph gewesen wäre. Man kann ihn auch nicht als Gewährsmann für die eine oder andere Deutung von Technik in Anspruch nehmen. Dennoch bleibt er faszinierend als Künstler, als Architekt, als Forscher, als Ingenieur, als Aphoristiker, vor allem aber als Entwerfer. Er wollte sein in Forschungen über Anatomie, Geometrie, Architektur, Maschinen und Städte angeeignetes Wissen über Naturkräfte zum Nutzen der Menschheit einsetzen. Dabei blieben allerdings viele seiner genialen Skizzen wie Flugspirale, Automobil, Panzerfahrzeug, Zahnradgetriebe, Brücken oder Hubschrauber Entwürfe. Als gescheiterter Versuch endete auch ein Unterfangen mit dem Segelflugzeug. Allerdings war er seinen Entwürfen selbst gegenüber skeptisch. So schrieb er in seinen Notizen:

> Wenn auch der menschliche Geist durch vielfache Erfindungen mit verschiedenen Instrumenten auf dasselbe Ziel zugeht, nie wird er eine Erfindung machen, die schöner, leichter und kürzer wäre als die Natur.[68]

Auch hier geht es nicht darum, der Natur die Prozesse abzuschauen, die sie von sich aus selbst vollbringen würde, sondern durch den eigenen Geist autonom Dinge zu entwerfen und deren Zwecke zu erkennen.[69]

Manche seiner Erfindungen sind rekonstruiert, nachgebaut oder auch wiedererfunden worden. Er hat bestimmten Deutungen der Technik seinen Namen gegeben – so spricht Jürgen Mittelstraß von einer Leonardo-Welt, wenn er der Welt eine «technische Form» zuschreibt, deren Motor der wissenschaftliche und technische Fortschritt sei.[70] Die Leonardo-Welt wird als Produkt des Menschen verstanden, eine Welt, in der sich sowohl sein wissenschaftliches Wissen wie sein technisches Wissen und seine «Verfügungsgewalt» zeige.[71]

Francis Bacon: Beherrschen

Man kann Francis Bacon (1561–1626) getrost den Erzvater der Wissenschaftstheorie nennen, obwohl oder vielleicht gerade weil er selbst als Politiker, Anwalt und Schriftsteller eher Theoretiker und kein Experimentator war. Bei ihm zerfällt Wissenschaft noch nicht in zweckfreie Grundlagenforschung und technische Wissenschaft, sondern ist eine Einheit, und zwar durch ihre Methodik. Seine Kritik am Lehrbetrieb ist heftig. Über die Studenten schreibt er 1592 in *Zum Ruhme der Gelehrsamkeit:*

> Sie lernen dort nichts als zu glauben: zuerst zu glauben, daß andere das wissen, was sie nicht wissen; und dann, daß sie selbst das wissen, was sie nicht wissen. Aber in Wirklichkeit haben die Leichtfertigkeit zu glauben, die Ungeduld zu zweifeln, die Tollkühnheit der Antworten, der Ruhm zu wissen, das Bedenken zu widersprechen, ... dies und ähnliches eine glückliche Ehe zwischen dem Geist des Menschen und der Natur der Dinge verboten und haben statt dessen den Geist des Menschen mit leeren Begriffen und blinden Experimenten verheiratet.[72]

Es geht Bacon um die Grundfragen nach der Wahrheit in der Wissenschaft und wie man sie absichern kann. Dies steht im Gegensatz zu Platon, der die Schau der Ideen und die Teilhabe an ihnen als Garant ansieht, auch im Gegensatz zu Aristoteles, der eine Theorie dann als wahr ansieht, wenn sie in sich stimmig ist und aus wahren Sätzen abgeleitet werden kann.[73] Selbst zur klassisch gewordenen Diktion Thomas von Aquins, die Wahrheit als eine Überstimmung von Gedanken und Sachverhalt sieht,[74] ist der Gegensatz sichtbar. Bacon sieht die Wahrheit in der Nützlichkeit: «Was in den Operationen am nützlichsten ist, ist im Wissen am Wahrsten.»[75]

Das ist gegen jede mittelalterliche Ontologie und Theologie gerichtet, entspricht aber der Wissenschaftsauffassung von Bacon. Ein Naturgesetz ist eine Vorschrift *(praeceptum)*, Richtungsanweisung *(directio)* oder Hinführung *(deductio)*, die in einem Körper irgendeine neue Natur, sprich Eigenschaft, erzeugen oder einfügen will:

> Es ist das Werk und Ziel der menschlichen Macht, in einem gegebenen Körper eine oder mehrere neue Eigenschaften zu erzeugen und einzuführen; aber es ist das Werk und Ziel der menschlichen Wissenschaft, die Form einer gegebenen Eigenschaft, oder ihr eigentliches Wesen, oder ihre wirkende Natur, oder die Quelle ihres Entstehens zu entdecken, mit welchen Worten die Sache noch am besten bezeichnet werden kann.[76]

Aristoteles unterschied zwischen erzwungenen und natürlichen Bewegungen, d. h. auch Veränderungen von Eigenschaften. Nur die natürlichen Bewegungen sind wahre Bewegungen – durch sie kann man beobachten. Deshalb dachte Aristoteles nicht an Experimente, die einen erzwungenen Eingriff dargestellt hätten. Ganz anders Bacon: Erst der Eingriff in die Natur zeigt die Natur der Natur: Eine solche externe Einwirkung setzt die Natur auf andere Weise in Tätigkeit, als sie vorher tätig war,[77] sie bleibt aber dabei Natur. Die Natur der Natur zeigt sich demnach in dem, was man mit der Natur alles machen kann – Beobachtung, Experimente, Operationen, Werke (im Sinne von Artefakten).

Bacon ist erstaunlich leicht in das heutige Vokabular der Wissenschaft zu übersetzen: Wenn wir die Abläufe in einem natürlichen System für unsere Zwecke ändern wollen, müssen wir die Rand- und Anfangsbedingungen operativ verändern, die Naturgesetze können wir nicht verändern. Unter gleichen Bedingungen müssen dann gleiche Ergebnisse herauskommen. Kennt man die Naturgesetze und die konkreten Rand- und Anfangsbedingungen, kann man Vorhersagen machen. Das unterscheidet Wissenschaft von Magie. Bacon nennt es die Sicherheit der Gesetze. Sie müssen frei sein, d. h., die Stoffe müssen verfügbar sein – je allgemeiner das Mittel, umso freier das Gesetz. Und sie müssen handhabbar sein, d. h., der Ausgangsstoff soll nicht komplizierter herzustellen sein als das erhoffte Produkt.

Bacons Programm ist eindeutig und heute noch als Leitbild gültig: Wenn die Ursache bekannt ist, kann man Wirkungen als Zwecke setzen und sich die Ursache als Mittel verfügbar machen. Dies verleiht Macht. Die wissenschaftstheoretische Grundlage der Technikwissenschaften ist die Verfügungsmacht qua Wissen über die Natur, die man nur bändigen kann, indem man ihren Gesetzen «gehorcht»[78] bzw. sich von ihr belehren lässt. Die Natur wird auf die Streckbank gelegt, sie wird gewissermaßen der Inquisition, der List, der Technik, ja der Intrige unterworfen, damit sie ihre Geheimnisse, sprich ihre Naturgesetze, preisgibt. Das Entscheidende liegt im zweiten Satz dieses Aphorismus:

> Die Natur kann nur beherrscht werden, wenn man ihr gehorcht; und was in der Kontemplation als Ursache auftritt, ist in der Operation die Regel.[79]

Die ist die Transmissionsregel vom Wissen über die Natur zur Handlungsregel in der Natur. Wir werden sie später in der Wissenschaftstheorie der Technik als den pragmatischen Syllogismus wiederfinden (vgl. Kap. 7). Diese Verfügungsgewalt über die Natur hat die Gestalt einer Macht über die Natur des Menschen als eines Teils der Natur. Daher rührt der Bacon'sche Optimismus der zunehmenden Beherrschung der Menschheit über sich selbst. Die neuzeitliche Idee vom Progress der Menschheit ist gefunden: Wir verändern die Natur und damit auch die Natur des Menschen. Bei Bacon ist allerdings die Beherrschung der Natur des Menschen das Schlüsselphänomen zur politischen Macht. Bacon verfügte selbst über politische Machterfahrung, er war immerhin Lordkanzler unter James I. Er war der Auffassung, dass sich durch Beherrschung und Veränderung der Natur auch die Natur des Menschen verändern ließe – ein Programm, das wir im Marxismus einige hundert Jahre später wiederfinden werden. Man müsse, so Karl Marx, nur die ökonomischen Verhältnisse verändern, dadurch ändere sich dann auch die Natur des Menschen.

Galileo Galilei (1564–1672) ist dann der Erste, der die Neugierde vorbehaltlos bejaht: Nur die Neugier und der Verdacht des unendlichen Vorrats unbekannter Dinge in der Natur können gegen die Autorität alter Lehren die Unbefangenheit für das Neue behaupten.[80] Von Galilei wissen wir, dass er selbst Maschinen gebaut hat, z. B. zur Bewässerung der Gärten seiner Gönner in Florenz, des Hauses Medici.[81]

René Descartes: Erkennen

Die rationalistische Philosophie führt diesen Weg konsequent weiter. René Descartes (1596–1650), der mit der Methode des Zweifels und seiner Trennung von *res extensa – res cogitans* die Leib-Seele-Debatte bis heute prägt, hatte damit auch das Denken von der Natur getrennt: Bei der Gewinnung von Erkenntnis ist die oberste Aufgabe, die Selbstvergewisserung, die Selbstbegründung und die Selbstrechtfertigung der Philosophie – als Wissenschaft – zu etablieren. Dies kann nur geschehen, indem die Philosophie selbst als System aufgefasst wird.[82] Alles, was im Bereich der *res extensa* vorkommt, hat nach Descartes Gestalt, Struktur, Abgrenzung, Ausdehnung, Existenz und Individualität. Systematisieren heißt ordnend vorgehen, das System ist das Ergebnis dieser Bemühungen. Dabei ist jedoch eine Koinzidenz von Beschreibung und deren Methode mit den Eigenschaften des Gegenstandes unabdingbar – das systematische Vorgehen ist daher der Systematizität des so untersuchten Gegenstandes analog. Die Systemgesetze sind die Gesetze der Systembeschreibung, und umgekehrt. Hier fallen die Beschreibung und das So-Sein zusammen; dies zeigt noch Grundzüge mittelalterlichen Denkens. Es ist die Descartes'sche Antwort auf die Frage, warum man mit mathematischen Beschreibungen der Wirklichkeit «Erfolg», d. h. auch technischen Erfolg, haben kann: Weil die so beschriebenen Gegenstände mathematischer, sprich systematischer, Natur sind. Die Regularitäten, die wir entdecken können, sind in der Ontologie des Gegenstandes schon enthalten. Deshalb wird spätestens seit Descartes menschliche Technik als angewandte Naturwissenschaft angesehen, sie ist ebenso universal und neutral wie die Wissenschaft selbst.

Man muss sich vorstellen, was im 17. Jahrhundert alles entdeckt und erfunden wurde: Mikroskop (durch zusammengesetzte Linsen 1590), Fernrohr (Lippershey 1608), Thermometer (Galilei um 1641), Barometer (Toricelli 1643), Luftpumpe (Guericke 1654), Vervollkommnung der Uhren, Magnete (Gilbert um 1600), Blutkreislauf (Harvey 1628), Spermatozoen (Ham, Leeuwenhoek 1677), Thermodynamik (Robert Boyle 1660), Logarithmen (Napier 1614) und Analytische Geometrie (Descartes um 1640), um nur einige zu nennen. All diese Erfinder und Entdecker sind Zeitgenossen, erst darauf folgen Infinitesimalrechnung mit Leibniz (1646–1716) und die Differentialrechnung mit Newton (1643–1727). Gegenüber allen anderen Veränderungen zuvor ist diese Epoche von einschneidender Bedeutung für das moderne Weltbild. Alle animistischen Spuren aus der Physik werden entfernt, es findet eine Entseelung und Entbiologisierung, eine Entpsychologisierung der materiellen Dynamik statt. Der Unbewegte Beweger des Aristoteles wird substituiert durch das Trägheitsgesetz, alle äußeren Ursachen sind immer materieller Art. Seit Johannes Kepler gilt im Himmel wie auf Erden die gleiche Physik, die Natur bewegt sich nicht mehr nach Zwecken, es findet eine radikale Entteleologisierung[83] und zugleich Enttheologisierung der Naturwissenschaft statt. Das schlägt sich in der Philosophie nieder und entsprechend auch an den Stellen, wo sie nach der Technik fragt.

Gottfried Wilhelm Leibniz:
Mathesis universalis – die Welt als Maschine

Gottfried Wilhelm Leibniz (1646–1716) ist in diesem Kontext ein Sonderfall, und seine Monadologie ist heute nur noch philosophiegeschichtlich, aber nicht mehr systematisch von Interesse.

Trotzdem ist er für die Entwicklung des Nachdenkens über Technik wichtig, weil seine Ontologie den Grundstein legt für unseren Glauben an die Berechenbarkeit der Welt. Leibniz sieht den Kosmos als Uhrwerk, dessen Bestandteile so fein und trefflich von einem Schöpfergott aufeinander abgestimmt sind, sodass sie nicht miteinander wechselwirken müssen, sondern jedem Teil ein ihm eigenes Programm innewohnt, wie es sich zu verhalten hat. Dies ist die prästabilierte Harmonie, und diese fensterlosen Teile nannte Leibniz Monaden. Wenn also die Welt aus einfachen Elementen besteht, deren Arten und innere Typen von Verhaltensweisen nur noch kombiniert werden müssen, um die Welt als zusammengesetzte und zusammengebaute zu verstehen, dann müsste dies auch für die Regeln des Denkens gelten, also für Logik und letztlich Mathematik und Wissenschaft. Damit ist der Beginn der modernen Logik verbunden. In seiner Dissertation[84] nimmt Leibniz diese Frage auf und beantwortet sie konsequent mathematisch. Die Regeln des Denkens sind so, dass sie aus kleinen Elementarschritten bestehen, die wiederholt angewendet werden können. Eingebettet in die Leibniz'sche Philosophie, die die Natur als eine große Maschinerie ansieht, ist der Gedanke einleuchtend, dass sich das Denken ebenfalls nach maschinenhaften Regeln abspielt. Noch einleuchtender ist, dass sich diese Schritte als *modus operandi* selbst auf eine geeignete Maschine übertragen lassen – Leibniz gilt als Konstrukteur und geistiger Vater der mechanischen Rechenmaschine. Der Begriff des nachvollziehbaren, schrittweisen Verfahrens zur Lösung einer Rechenaufgabe (was wir heute als Algorithmus kennen[85]) geht auf ihn zurück. Dies ist die Idee der *mathesis universalis*, die von Descartes aufgebracht wurde – einer Mathematik – sprich Wissenschaft, mit der sich alles erklären lässt, weil jeder Einzelfall und damit auch jede Maschine aus ihr abgeleitet werden kann. Salopp ausgedrückt – es ist die Hoffnung, dass man, wenn man die Strukturen der Welt kennt, auch jede Maschine deduktiv daraus ableiten kann, die möglich ist. Baubarkeit und Berechenbarkeit fallen zusammen.

Johann Beckmann: Allgemeine Technologie

Der Aufschwung der Wissenschaft, sowohl als Methode wie als Weise, die Welt zu sehen, erzeugte den Wunsch nach Systematisierung dessen, was man schon wusste. Während die Renaissance noch umtriebig sucht und experimentiert, während Wissenschaft, Architektur, Gerätebau, Anatomie und Kunst gleichzeitig und gleichsinnig betrieben werden, wollen Christian Wolff (1679–1754) und später die *Enzyklopädisten* wie Denis Diderot (1713–1784) oder Jean Baptiste le Rond d'Alembert (1717–1783) eine Systematisierung aller bekannten und verfügbaren Techniken – eine *technologia* aus Vernunftgründen und erklärbaren Ursachen heraus. Philosophie wird bei Wolff als «Wissenschaft des Möglichen, insofern es sein kann»,[86] also des Bau- bzw. Herstellbaren, angesehen.

Es war Johann Beckmann (1739–1811), der in seiner *Anleitung zur Technologie* (1777), wohl als Erster,[87] eine «Wissenschaft» forderte, «welche die Verarbeitung der Naturalien oder die Kenntniß der Handwercke» lehrt. «Anleitung zur Technologie und zur Kenntnis der Handwerke, Fabriken und Manufakturen, vornehmlich derer, die mit Landwirtschaft, Polizei und Kameralwissenschaft in nächster Verbindung stehen (nebst Beiträge zur Kunstgeschichte)» heißt sein erster Beitrag hierzu.[88] Diese Wissenschaft soll so erweitert werden, dass sie «alle Arbeiten, ihre Folgen und ihre Gründe vollständig, ordentlich und deutlich erklärt».[89] Das Erkenntnisziel ist theoretisch und pragmatisch, wie Wolff es schon formulierte: «… aus wahren Grundsätzen und zuverlässigen Erfahrungen die Mittel zu finden und die bei der Verarbeitung vorkommenden Erscheinungen zu erklären und zu nutzen sind.»[90] Es folgt sein «Entwurf der allgemeinen Technologie»; dieser soll

die gemeinschaftlichen und besonderen Absichten der … Arbeiten und Mittel anzeigen, die Gründe erklären, worauf sie beruhen, und sonst noch dasjenige kurz lehren, was zum Verständnis und zur Beurtheilung der einzelnen Mittel, und zu ihrer Auswahl bey Übertragungen auf andere Gegenstände, als wozu sie bis jetzt gebraucht sind, dienen könnte.[91]

Damit war eine Allgemeine Technikwissenschaft als Disziplin gefordert, welche nicht nur die übliche Einengung auf Regeln, Verfahren und Geräte vermeiden sollte, sondern auch das umfasste, was wir oben die organisatorische Hülle einer Technik genannt haben. Genau diese Einengung nahm dann das Technikverständnis des 19. Jahrhunderts vor, welches, ausgehend von den kameralistischen Wissenschaften, die «Technologie» als Verwaltung von Gerätschaften und Prozessen konzipierte.[92]

Das 18. Jahrhundert hat zu einer deutlichen Systematisierung der wissenschaftlichen Disziplinen geführt. Neben der Naturwissenschaft differenzieren sich die Kameralistik und die Ökonomie als eigenständige Disziplin heraus. Durch die Verbreitung des Wissens über Mathematik, Naturwissenschaften, Ökonomie und Gewerbekunst, hauptsächlich durch lexikalische Schriften und ein relativ dichtes Netz von Realschulen, entsteht ein neues Fach. An den Gewerbeschulen und Hochschulen wird nun Technologie durch Professoren der *oeconomia* und *cameralia* eingeführt. Wie Heinrich Schallbroch gezeigt hat, entstand mit der Vermehrung der Gewerbebetriebe auch die Notwendigkeit, «Staatsbeamte auf Verwaltungsaufgaben im Bereich der Gewerbewirtschaft vorzubereiten. Daher richteten die Landesfürsten zur beruflichen Ausbildung ihrer zukünftigen Staatsdiener an ihren Universitäten Lehrstühle für Ökonomie und Kameralwissenschaften ein, die sich auch mit der Anlage und dem Betrieb von Manufakturen und Fabriken befaßten.»[93]

Die Nähe zur Macht ist unverkennbar. Technologie kommt aus der Verwaltung. Zumindest ihre Systematisierung und das Berufsbild der Ingenieure haben dort ihren Ursprung.

Der Technikoptimismus jener Zeit ist für heutige Begriffe erstaunlich. Er schlägt sich auch in Werken wie etwa von Marie Jean de Condorcet (1743–1794) nieder,[94] der die menschliche Natur durch Technik veränderbar hielt, um zum Beispiel das eigene Leben zu verlängern, bei den Enzyklopädisten oder bei Julien Offray de La Mettrie (1701–1751),[95] der den Menschen als Erster konsequent als eine Maschine modelliert. Er gipfelt im Glauben an die lückenlose Berechenbarkeit der Welt.

Immanuel Kant: Zwecke

Immanuel Kant (1724–1804) nahm bei seiner Naturbetrachtung die Entteleologisierung der Naturwissenschaft wieder zurück – man müsse die Natur sich an Zwecken orientiert denken, um sie als System verstehen zu können. Man kann die Anwendung einer vollständigen theoretischen Erkenntnis nach Kant auch als Regeln der Geschicklichkeit sehen, die die Mittel zu einer anderen Absicht betreffen, sprich, man kann Theorie zum Handeln auch in anderen Gegenstandsbereichen als den ursprünglichen Bereichen einer Theorie benutzen.

Auch in seiner Kritik der Urteilskraft gilt: Man muss schon vorher kategorial über Begriffe verfügen, bevor man etwas wissen oder tun kann: Um die Möglichkeit der Teile als vom Ganzen abhängig zu denken, bedarf es aber schon eines gewissen Wissens vor der Urteilskraft, nämlich die Idee der technischen Zweckmäßigkeit der Natur.[96] Urteilskraft verfährt technisch, denn sie setzt, so Kant, Zweckmäßigkeit voraus. Die Natur, indem sie geeignete Mittel aufweist, konveniert mit diesem Erkenntnisverfahren, «worüber wir uns nur wundern können».[97] Eine Maschine definiert Kant so: «Ein Körper ... dessen bewegende Kraft von seiner Figur abhängt, heißt Maschine.»[98] Ein Organ geht jedoch über eine solche Maschine hinaus.[99] Kant sieht beim Gebrauch der Mittel, seien sie maschinell oder organisch, die Gefahr des pragmatischen Verhaltens. Es ist seine Kritik der rein instrumentellen Vernunft – also an dem, was wir in Anlehnung an Aristoteles (siehe oben) die poietische, d. h. die nur hervorbringende Haltung genannt haben. Er skizziert sie knapp so:

> Ob der Zweck vernünftig und gut sei, davon ist hier gar nicht die Frage, sondern nur, was man tun müsse, um ihn zu erreichen. Die Vorschriften für den Arzt, um seinen Mann auf gründliche Art gesund zu machen, und für einen Giftmischer, um ihn sicher zu töten, sind insofern von gleichem Wert, als eine jede dazu dient, ihre Absicht vollkommen zu bewirken.[100]

Die Spaltung der Kulturen

Mit dem 18. und 19. Jahrhundert wird der Begriff des Fortschritts fester Bestandteil des europäischen Weltbildes. Die Veränderungen dieser Zeit hinsichtlich Welterschließung, Technik, Produktionsweisen und Verkehr lösen transzendente religiöse Sinngebungen wie die Vorstellung von Heilsgeschichte durch die Konzeption der Geschichte als notwendigen Prozess ab.

> Ein Fortschrittsglaube schließt demnach die Annahme ein, daß es in der Menschheitsgeschichte ein Muster des Wandels gibt, daß dies Muster bekannt ist, daß es aus irreversiblen Veränderungen besteht, die stets in einer einzigen, allgemeinen Richtung erfolgen, und daß diese Richtung auf eine Verbesserung von einem weniger wünschenswerten Zustand zu einem erstrebenswerteren Zustand zielt.[101]

Dieser Fortschrittsglaube bezieht sich mit der Entwicklung von Zivilisation und Kultur auch direkt auf die technische Entwicklung, die im 19. Jahrhundert an Geschwindigkeit zunimmt. Entsprechend formieren sich Gegenbewegungen. Die Auseinanderentwicklung von Philosophie und Naturwissenschaften, die schon im 18. Jahrhundert aufscheint, aber durch die gemeinsame Wertschätzung der Mathematik noch verhindert werden kann, wird im 19. Jahrhundert mit einer Ausrichtung der Philosophie virulent, die man als Deutschen Idealismus bezeichnet.[102] Man kann die Differenz an der sogenannten Spekulativen Physik festmachen: Während Empirie nur die sekundären Bewegungen festzustellen vermag, erschließt die Spekulative Physik die ursprüngliche Bewegungsursache und die dynamischen Erscheinungen. Diese bleiben in der normalen Physik, soweit mathematisierbar, nur als mechanische Bewegungen sichtbar. Die Spekulation interessiert, was das innere Triebwerk der Natur ist, also was nicht an ihr «objektiv» ist.[103]

Der Schock der Industriellen Revolution

Den publizistischen Beginn der Philosophie der Technik findet man in Ernst Kapps *Grundlinien einer Philosophie der Technik – Zur Entstehungsgeschichte der Cultur aus neuen Gesichtspunkten*.[104] Die Agenda versteckt sich im Kleingedruckten, in einem auf dem Innentitelblatt zu findenden Zitat:

> Die ganze Menschheitsgeschichte, genau geprüft, löst sich zuletzt in die Geschichte der Erfindung besserer Werkzeuge auf.[105]

Es ist natürlich die Frage, ob man das Verständnis des Menschen in diesem Sinne auf die Entwicklung von Werkzeugen reduzieren kann. Ernst Kapp ist wohl der Erste gewesen, der dies im Rahmen einer eigens für dieses Thema dedizierten Veröffentlichung getan hat. Insofern war er technikphilosophisch einflussreicher als manch andere, die ebenfalls im 19. Jahrhundert Technik zum Gegenstand ihrer Überlegungen wählten.[106]

Wenn man einen Blick auf den Aufbau des Buches wirft, sieht man sofort den anthropologischen Ausgangspunkt. Ernst Kapp will die anthropologischen Konstanten des Menschen verstehen. Es geht ihm nicht um eine Erklärung der Technik, sondern um ein neues Verständnis der Kulturgeschichte, die sich dann als eine Kulturgeschichte der Entwicklung der Werkzeuge herausstellt. Der Schlüsselbegriff bei Ernst Kapp ist die Organprojektion – er versteht darunter die Nach-außen-Verlagerung menschlicher Funktionen in Artefakte hinein, was er als eine Projektion versteht. Diese Projektion ist eine unbewusste Selbstentäußerung,[107] sodass die Form des technischen Produkts «dem unbewußt findenden und nachschaffenden Kunsttriebe vom Innern des Organismus heraus vorgesehen und vorgeschrieben wird».[108] Das Werkzeug ist also eine Art «Erscheinung des Organs selbst».[109] Wir kommen in Kapitel 6 nochmals auf die Organprojektion zurück.

Das Buch von Ernst Kapp lässt sich auch als Reaktion auf die Schübe der Industrialisierung verstehen. Dass beim Blick auf die Kulturentwicklung nun die Technikentwicklung ins Spiel kommt und zu technikgeschichtlichen Kulturdeutungen Anlass gibt, spiegelt die Einsicht wider, dass sich beide Entwicklungen nicht mehr getrennt voneinander verstehen lassen. Hinzu kommt, dass in der Auseinandersetzung mit Adam Smith (1723–1790), David Ricardo (1772–1823), der Geschichtsphilosophie Georg Wilhelm Friedrich Hegels und durch einen konsequent materialistischen Ansatz die ökonomischen Verhältnisse in den Fokus geraten. Karl Marx (1818–1883) denkt seine Anthropologie laboristisch, d. h., der Mensch schaffe sich durch Arbeit selbst.[110] Seine Ontologie, wonach das Sein das Bewusstsein bestimme,[111] ist konsequent ökonomisch. Daher bedingt bei ihm auch jede gestaltbare Technik die Produktionsverhältnisse und die Produktivkraftbedingungen mit. Umgekehrt ist Technik und ihr Einsatz eine Folge dieser Verhältnisse. Marx beantwortet die Frage nach dem Gang der Technikentwicklung aus der Wechselwirkung zwischen der Dynamik des Kapitals und der technischen Möglichkeiten. Primär bleibt jedoch der Mensch und sein Kampf gegen die Natur – die Technik ist Hilfsmittel bei diesem Kampf um die Reproduktion der Gattung. Durch Technik wird der Mensch sich seiner Gestaltungsfähigkeit bewusst – beide sind zwar von den ökonomischen Verhältnissen geformt, aber Technik und menschliche Arbeit gestalten auch die ökonomischen Verhältnisse mit.[112]

Marx ist alles andere als ein Technikverächter, wie viele seiner Zeitgenossen. Er kritisiert die frühindustriellen, auch durch schlechte Technik und Ausstattung bedingten Arbeitsverhältnisse, sieht in der Technik aber die Möglichkeit, sie zu verbessern.[113] Die fortschreitende Technisierung der Produktion ist nach Marx eine Konsequenz der Kapitalakkumulation. Umgekehrt ermöglicht erst die Rationalisierung durch Technisierung die Steigerung der Gewinnspannen bei der Produktion. Beides zusammen ergibt einen Selbstverstärkungsprozess, den wir heute global nur zu gut zu kennen glauben.

Spätestens seit Marx muss man Technik und Arbeit zusammen denken. Wenngleich das Schisma in materialistische und idealistische Philosophie, wie es von marxistisch-leninistisch inspirierter Lehre propagiert wurde,[114] so nicht mehr besteht, weil es keine nennenswerte marxistische Orthodoxie mehr gibt, so kann man doch unterschiedliche Positionen der Philosophie der Technik, wie sie sich ab der zweiten Hälfte des 19. Jahrhunderts herausbilden, als Reflex auf Entwicklungen sehen. Dazu gehören die Arbeitsbedingungen, die Verwertungsbedingungen von technischen Entwicklungen und die klarer werdenden unterschiedlichen Interessen der Akteure, sprich Fabrikanten und Arbeiter, Mächtige und Ohnmächtige, Reiche und Arme.

Nachdenken über Kultur- und Lebensbedeutung der Technik

Schon während des Kaiserreichs, aber erst recht zwischen den beiden Weltkriegen schiebt sich die Reflexion über den Einfluss der Technik auf die Kultur und Lebensbedingungen in den Vordergrund. Die Positionen sind durchaus ambivalent, weil positive, optimistische Töne sich mit pessimistischen Grundeinschätzungen mischen. Die Möglichkeiten und die Verluste durch Technik, Technik als Schicksal, moderner gesprochen: Chancen und Risiken der Technik, ziehen sich als Diskussionsthema mehr oder weniger durch alle diese Werke. Wir können hier nur einige wenige nennen.

Max Scheler (1874–1928), den man zur Phänomenologischen Schule (Edmund Husserl, der frühe Martin Heidegger) zählt, sah in der gesellschaftlichen und geschichtlichen Dynamik Realfaktoren wie menschliche Triebe und die kulturelle Ausgestaltung ihrer Befriedigung und Idealfaktoren wie Weltanschauungen, Heilsgewissheiten und Bildung am Werk. Eine künftige Kultur müsse auch eine Synthese zwischen innerer und äußerer Technik herstellen, d. h. auch zwischen den Seelen- und Vitaltechniken zur Beherrschung der inneren Natur des Menschen und den Techniken der Beherrschung der äußeren Natur.[115] Sonst drohe der Untergang der abendländischen Welt.

Ähnlich argumentierte Oswald Spengler (1880–1936). Der Mensch ist bei ihm der Schöpfer seiner eigenen «Lebenstaktik» geworden,[116] er ist das erfinderische Raubtier, das im Faustischen sich seine Welt schaffen will.[117] Doch die Schöpfung erhebt sich gegen den Schöpfer, die Hochkulturen scheitern, und darüber hinaus wird der Mensch Sklave seiner Maschinen. Der kulturelle Niedergang wird durch die Technik beschleunigt, ist aber in der Natur des Menschen ohnehin schon angelegt.[118]

Nicht ganz so pessimistisch sieht Ernst Cassirer (1874–1945) die Kultur schaffende Potenz der Technik.[119] Technik gehört ebenfalls zu den sogenannten Symbolischen Formen, die der menschliche Geist hervorzubringen vermag.[120] Technik darf nicht nur funktional und instrumentell verstanden werden, sondern mit dem Entstehen der ersten Werkzeuge auch als eine neue Weise der Erkenntnis.[121] Das Subjekt-Objekt-Verhältnis verliert seinen magischen Bezug, das Werkzeug wird zum Objekt, das den Objektgesetzen, nicht dem Menschen gehorcht. Auch hier spielt sich eine Tragödie der Kultur ab;[122] die Technik wendet sich gegen den Geist, indem sie eine Bedürfnisspirale in Gang setzt. Da Cassirer Technik als realisierten Geist betrachtet, ist diese Tragödie nur zu überwinden, wenn eine, nicht nur auf Bedürfnisbefriedigung setzende, hedonistische Moral einer Vergeistigung Platz macht. Technisierung ist zwar Teil unseres Schicksals, wenn Technik jedoch dazu helfen kann, die chaotischen Kräfte im Menschen selbst zu bezwingen,[123] schafft sie Kultur.

Auch bei Ortega y Gasset (1883–1955) bringt die Technik den Menschen dazu, zwischen sich und der Natur eine «neue, ihr übergeordnete Natur, eine Übernatur zu schaffen».[124] Der Mensch passt sich seine Umwelt an sich an, er «reformiert» die Natur durch die Technik,[125] und da sich seine Bedürfnisstrukturen («Wohlleben») ständig ändern, ändert sich die Technik unstetig mit. In einer Vorlesungsreihe, die er zuerst in der argentinischen Zeitung *La Nacion* veröffentlichte, bestimmte er Technik als ein

> tatkräftiges Einwirken auf Natur oder Umwelt, die den Menschen dazu bringt, zwischen ihr und sich eine neue, ihr übergeordnete Natur zu schaffen (S. 14).

Die Verwirklichung des Menschen beruht auf der Technik, denn «der Mensch beginnt da, wo die Technik einsetzt».[126] Sie muss jedoch dem Primat ethischer Werte untergeordnet werden, denn die hat die Aufgabe, schöpferische neue Formen der Lebensgestaltung zu entwerfen und technisch zu verwirklichen. Damit ist die reine Vernunft aber überfordert, und Ortega hält nach einer «vitalen Vernunft» Ausschau. Das verpflichtet, mehr zu tun, als nur Technik zu betreiben, oder, wie er es ausdrückt:

> Daraus mögen die Ingenieure ersehen, daß es nicht damit getan ist, Ingenieur zu sein, um wirklich Ingenieur zu sein. Während sie mit ihrer besonderen Aufgabe beschäftigt sind, zieht die Geschichte ihnen den Boden unter den Füßen weg.[127]

An einer anderen Stelle bezeichnet er die Technik später als «die Anstrengung, Anstrengung zu sparen»,[128] d. h., um gut leben zu können.

Hiroshima

Es gab ein erstes Erschrecken. Als Otto Hahn (1871–1968) seinen ersten Aufsatz über seine Entdeckung, dass Uran in Barium und andere Produkte unter Freisetzung von Energie gespalten werden kann, in den Briefkasten warf, um ihn an die Redaktion der *Naturwissenschaften*[129] zu senden, habe er weiche Knie bekommen. Lise Meitner und Otto Frisch interpretierten die Ergebnisse anhand des Tröpfchenmodells von Niels Bohr: Es handele sich um die Beobachtung direkter Spaltprodukte, so ihr Fazit.[130]

Am 26. Januar 1939 berichtet Niels Bohr über die Spaltung auf der jährlichen Theoretical Physics Conference an der George Washington University. Wenige Tage später hört Robert Oppenheimer davon, erkennt sofort, dass zusätzliche Neutronen frei werden, und sieht die Möglichkeit, dies für den Bau einer Bombe auszunutzen. Niels Bohr erkennt im Februar desselben Jahres, dass die Uranisotope U^{235} und U^{238} unterschiedliche Spaltungseigenschaften haben: U^{238} kann nur mit schnellen Neutronen, U^{235} mit langsamen Neutronen gespalten werden. Am 29. April 1939 wird durch Abraham Esau der «Uranverein» mit den Physikern Günter Joos und Wilhelm Hanle in Göttingen am Reichsforschungsrat gegründet; Paul Harteck macht die Wehrmacht auf militärische Möglichkeiten aufmerksam – dies alles weitgehend ohne einen nationalsozialistischen Hintergrund. Während Enrico Fermi und Leo Szilárd eine unterkritische Neutronenproduktion in einem Gitter aus Uranoxyd in Wasser zustande bringen,[131] schreibt im Juni 1939 ein Assistent von Otto Hahn, Siegfried Flügge, einen populären Aufsatz über die neue Entdeckung.[132] Dabei spricht er auch in einer ersten Energieabschätzung die militärische Nutzung an. Dieser Aufsatz und andere Aktivitäten machen in den USA Militärs wie Physiker auf die Möglichkeiten aufmerksam. Alexander Sachs legt auf Drängen von Szilárd Präsident Roosevelt den berühmten Einstein-Brief vom 11. Oktober 1939 vor, in dem befürchtet wird, dass die Nationalsozialisten eine Uranbombe entwickeln könnten. Die Befürchtung wird untermauert mit dem Hinweis, dass Kapazitäten wie Werner Heisenberg und Carl Friedrich von Weizsäcker an dem Projekt mitarbeiten könnten.

Diese Vorgeschichte wird hier deshalb so ausführlich dargestellt, um das immer noch kursierende Vorurteil zu widerlegen, dass bei dieser Entdeckung von vorneherein nicht klar gewesen sei, welche militärischen Konsequenzen, aber auch welche energietechnischen Chancen einer zivilen Nutzung sich ergeben könnten.

Am 16. Juli 1945 explodierte dann der erste nukleare Sprengsatz auf einem Testgelände in New Mexico.[133] Am 6. August 1945 detonierte 600 Meter über Hiroshima eine U^{235}-Bombe, am 9. August über einer Fabrikhalle in Urakami, einem Vorort von Nagasaki, eine Kernwaffe, die mit Pu^{239} versehen war.[134] Die Bilder über die Wirkungen gingen um die Welt und gaben Anlass zum zweiten, diesmal öffentlichen Erschrecken.

Aufgrund dieses zweiten Erschreckens begann man die Frage nach der Verantwortung in Wissenschaft und Technik nach dem Zweiten Weltkrieg auf breiter Basis zu führen. So sagte Robert Oppenheimer, der Leiter des Manhattan-Projektes, das die amerikanischen Kernwaffen entwickelte, er habe die Arbeit des Teufels getan.[135] Oppenheimer war jedoch der Überzeugung, dass man damals diese Waffen habe entwickeln müssen, und gerade Carl Friedrich von Weizsäcker hat dafür später in einem Interview ethisches Verständnis gezeigt:

> Die Atombombe wurde entwickelt, um zu verhindern, dass Hitler die Weltherrschaft antreten konnte. Wenn das nicht ethisch ist, dann möchte ich wissen, was ethisch ist.[136]

Das Manhattan-Projekt war das erste Projekt, sowohl in der Wissenschafts- wie auch in der Technikgeschichte, das interdisziplinäre Grundlagenforschung (Physik, Chemie, Mathematik, Metallurgie etc.) mit technologischer Entwicklung (Produktion im industriellen Stil geeigneter Isotope von Uran und Plutonium) zur gleichen Zeit unter dem Regime eines strikten Zeitplans und eines politisch wie strategisch definierten Ziels verband. Unzweifelhaft kann man die Verantwortung für den Kernwaffenangriff auf zwei zivile Objekte mit den bekannten erschreckenden Ergebnissen der damaligen politischen wie militärischen Führung in den USA zuschreiben. Es waren aber die mitarbeitenden Wissenschaftler, Ingenieure und Techniker sowie einige Bomberpiloten, die sich nach dem «Erfolg» ihres Projektes schuldig fühlten, nicht die Militärs oder Politiker.[137]

Eine der Reaktionen auf diesen Schock stellte die Weigerung Oppenheimers dar, weiter an der Entwicklung der Wasserstoffbombe, der «Super», mitzuwirken, was 1954 seinen politischen Fall zur Folge hatte.[138] Ein gutes Dutzend besorgter Physiker und Intellektueller initiierten 1957 die Pughwash-Konferenz, um dort die moralischen Probleme der Doktrin der gegenseitigen Abschreckung zu diskutieren und die Uhr symbolisch auf 5 Minuten vor 12 zu stellen. Die damaligen Verlautbarungen waren hochmoralisch, aber im Allgemeinen eher auf Gefühlen und persönlichen Überzeugungen gegründet, und sie waren weder geeignet noch erfolgreich, die Haltung der politischen und strategischen Führung während der Zeit des Kalten Krieges wirklich zu verändern.

Das Erschrecken erhielt inhaltlich neue Dimensionen, als die Möglichkeit eines dritten Weltkriegs mit der Kuba-Krise aufschien. Zuvor hatte Herman Kahn die Möglichkeit einer Weltuntergangsmaschine als extreme Verlängerung des Gedankens der gegenseitigen Abschreckung entwickelt.[139]

In den späten 1960er Jahren brachte die sogenannte Studentenrebellion in den USA und in Europa neue Impulse in die Debatte über Verantwortung in Wissenschaft und Technik. Die Tätigkeit eines Wissenschaftlers oder Ingenieurs sollte Ergebnisse erbringen, so die Forderung, die relevant für politische, soziale und kulturelle Ziele seien, die wiederum Ergebnis demokratischer Entscheidungsprozesse sein müssten. Jede revolutionäre Bewegung dürfe Wissenschaft und Technik nur einsetzen, um die Bedingungen für Freiheit, Gerechtigkeit und Chancengleichheit zu verbessern. Wissenschaft im Dienste des wirtschaftlichen Erfolgs sah man als Prostitution an, moralisch verwerflich eben. Auch Europa erlebte eine Phase intellektuell untermauerter Technikkritik und Skepsis an der Idee des Fortschritts.[140] Die Periode für diese negative Grundhaltung wurde durch die erstaunliche Ersetzung der bisherigen Ziele wie Freiheit, Gerechtigkeit und Chancengleichheit durch das Ziel des Überlebens der Menschheit und des Umweltschutzes im Rahmen der ökologischen Bewegungen verlängert.

In dieser Zeit nahmen auch die professionellen Veröffentlichungen zu, die sich in der Philosophie mit theoretischen Problemen der Ethik und ihrer Begründungsproblematik beschäftigten – selbst an der Universität Halle in der DDR wurde Mitte der 1980er Jahre ein Lehrstuhl für Ethik eingerichtet.

Die Frage nach der Verantwortung

In den 1970er Jahren erschien das berühmte Buch von Hans Jonas (1903–1993) über *Das Prinzip Verantwortung*. Gerade in Deutschland hatte das Werk einen überwältigenden Erfolg, obwohl die ursprüngliche Intention weniger die Thematisierung ethiktheoretischer Probleme war, sondern gewisse Vorstellungen von Utopie, wie sie Ernst Bloch in seinem *Prinzip Hoffnung* entwickelt hatte, einer harten Kritik unterzog.[141] Vielleicht wurde *Das Prinzip Verantwortung* gerade wegen seiner antiutopischen Wendung als moralisches Buch breit diskutiert. Jedenfalls hatte damit der Begriff der Verantwortung als ein Schlüsselwort die öffentliche Debatte über Ethik und Moral erreicht.

In der Folge schwoll der Strom der ethischen Literatur enorm an, es etablierten sich sogar Fachbezeichnungen wie Technikethik neben anderen Bindestrichethiken.[142] Die Frage nach der Ingenieursverantwortung beantwortete der Verein Deutscher Ingenieure (VDI) aufgrund einer Beratung durch ein Kollegium von Philosophen und Ethikern durch zwei entschiedene Richtlinien, einmal zur Technikbewertung,[143] zum anderen zur ethischen Ingenieursverantwortung.[144] Im ersten Fall ging es um praktische Handhabungen, wie Wertevorstellungen an existierenden oder geplanten Techniklinien überprüft werden könnten. Diese Richtlinien erwiesen sich dann auch als eine wertvolle Hilfe für die bewertenden Arbeitsschritte bei der Technikfolgenabschätzung. Die ethischen Leitlinien, die später entstanden, sind im zeitgenössischen Kontext zu sehen, in dem es bereits über 250 Ethikcodices von Berufsvereinigungen, Fachverbänden, Standesorganisationen und Wissenschaftlern gab.[145]

Dieser Diskussion ging zumindest in Deutschland eine umfangreiche technik-ethische Debatte voraus, die überwiegend eine Ethik präferierte, die die Verantwortung für die Wirkungen und Folgen einer Handlung bei den Handelnden verortet. Damit waren Folgen von mittelbaren wie unmittelbaren, auch von technischen Handlungen gemeint. Gegenstand der moralischen Beurteilung ist demnach nicht die Handlung selbst, sondern es sind die Wirkungen und Folgen. Um eine rein teleologische, d. h. an Zielen orientierte Folgenethik zu vermeiden, bei der das Ergebnis alles rechtfertigt, schwächte man diese Verantwortungsethik mit prinzipienethischen Erwägungen ab, wonach es intangible Werte wie Menschenrechte gibt (z. B. Folterverbot), die einer reinen Ergebnisbeurteilung vorrangig sind.[146] Ein weiterer gemeinsamer Punkt dieser Positionen war, dass die universal-moralische Verantwortung jedes Einzelnen der (professionellen) Rollenverantwortung vorangestellt ist.[147] Strittig blieb in der Diskussion allerdings, wer nun das Subjekt der Verantwortung sei, wenn in einer modernen arbeitsteiligen Gesellschaft und Ökonomie nicht mehr Einzelpersonen technologische Entscheidungen treffen, sondern Kollektive: Fachgremien, politische oder administrative Institutionen, Parlamente, Vorstände und Aufsichtsräte.[148]

Günther Anders: Der antiquierte Mensch

Ein ganz anderer Ansatz stellte ausdrücklich die Frage nach der Technik und das Verhältnis von Mensch, Technik und Zivilisation in den Vordergrund: Günther Anders (1902–1992) versuchte in seinem zweibändigen Werk *Die Antiquiertheit des Menschen* zu zeigen,

> daß wir der Perfektion unserer Produkte nicht gewachsen sind; daß wir mehr herstellen als vorstellen und verantworten können; und daß wir glauben, das was wir können, auch zu dürfen, nein: zu sollen, nein: zu müssen.[149]

Die Weltveränderung geht nach Anders vom Subjekt aus, das herstellt und nutzt, nicht durch die Technik selbst. Allerdings verliert die Technik ihren Charakter als Mittel, weil sie bereits eine Vorentscheidung darstellt. Der Mensch wird seinen eigenen technischen Möglichkeiten nicht mehr gerecht – dies ist das prometheische Gefälle, auf das er mit Scham reagiert. Hinzu kommt, dass der Mensch die Wirklichkeit zunehmend durch Medien erfährt, also mit einem technisch hergestellten Bild der Wirklichkeit vorliebnehmen muss. Die Wirklichkeit verliert ihren Widerstandscharakter und ist damit auch nicht mehr Instanz. Und schließlich weist die Entwicklung der Kernwaffe auf eine Pervertierung der Zweck-Mittel-Relation hin: Ihr Zweck ist die Nichteinsetzbarkeit und die Erpressung mit der Drohung, sie einzusetzen. Sollte sie doch eingesetzt werden, hebt sie durch die totale Zerstörung das Reich der Zwecke auf.[150]

Der Mensch stellt Produkte her, die mehr Möglichkeiten bieten, als er sie in seiner Verfasstheit ergreifen kann. Um dieses Manko auszugleichen, wird er zum Bediener der Geräte, nicht zu ihrem Herrscher, er wird passiv.[151] Das bisherige Menschenbild ist deshalb antiquiert, der Mensch wird zum Rohstoff der

Technik, zu ihrem Bestandteil, und deshalb muss er – so befürchtet Anders – effektiver, reproduktiver und konformer gemacht werden, um der Technik zu genügen.

Anders sieht drei industrielle Revolutionen: Erstens, Maschinen beginnen, Maschinen herzustellen. Zweitens, es werden Bedürfnisse nicht befriedigt, sondern produziert. Drittens, der antiquierte Humanismus wird liquidiert.[152] In der vierten Revolution macht sich der Mensch selbst überflüssig – die Technik braucht uns nicht mehr.[153] Die Technik verbirgt ihr Aussehen hinter ihrer Oberfläche. Produkte werden hergestellt, um Nachfrage zu erzeugen, nicht, sie zu befriedigen, technische Artefakte werden zu Trägern von Statussymbolen, bei der Arbeit zählt nur noch Produktivität, nicht das herstellende Subjekt. Maschinen werden durch Netze ersetzt, das Selbst des Menschen wird technisch nur noch als Kontrolldefizit gesehen. Die Vielfalt der Weltanschauungen und Ideologien wird ersetzt durch eine technikkonforme Wirklichkeit, die Privatheit durch den gläsernen Menschen, Freiheit durch technische Zwangsalternativen. All das, was in dieser – unvollständigen – Aufzählung ersetzt wird, nennt Anders antiquiert.[154]

Dies ist zugegebenermaßen eine immer noch verblüffende Phänomenologie der Beziehung zwischen Individuum und dessen Konfrontation mit einem Technikangebot, das wir aus dem Alltag kennen. Dieser Pessimismus ist nicht technikfeindlich, wendet sich aber gegen vermutete Denkstrukturen von Protagonisten und Herstellern von Technik. Wir kommen in Kapitel 9 nochmals auf diesen Ansatz von Anders zurück, da er für die Deutung von Technik wichtig bleibt.

Martin Heidegger: Das Gestell

Für Martin Heidegger (1889–1976) gilt ganz besonders, dass man seine Technikdeutung im Rahmen seiner gesamten Philosophie sehen muss. Nur so wird verständlich – von den begrifflichen Voraussetzungen bis hin zur Motivation –, warum sie sich überhaupt mit der Frage nach der Technik beschäftigen. Martin Heidegger hat sich nur in wenigen Aufsätzen, dort aber sehr dezidiert zu Technik geäußert.[155] In einem Vortrag zur Frage nach der Technik[156] wendet sich Heidegger gleich zu Beginn gegen eine rein instrumentale Sicht der Technik. Das Wesen der Technik liege nicht in einer wie immer gearteten Zweck-Mittel-Beziehung, sondern könne nur als Humanum und als Gemächte des Menschen verstanden werden. Der Mensch kann nach Heidegger gar nicht anders als technisch handeln, er stellt die Natur, wie der Kommissar den Verbrecher, wie der Jäger das Wild stellt. Analog zur Wortbildung «Gebirge», das die Art und Weise des Zusammenseins von Bergen bezeichnet, ist für Heidegger das «Gestell» die Art und Weise, wie der Mensch technisch handelt. Die «neuzeitliche Technik (ist) kein bloßes Mittel, sondern eine Konstitution von Natur, Welt und Mensch».[157] Dass Heidegger nach der Technik überhaupt fragt, kann man aus seinem philosophischen Fragen heraus verstehen: Eine bestimmte Philosophie der Natur (zur Konzeption von Naturgesetzen) bestimmt auch die Wissenschaft des Menschen von der Natur.

Das Verblüffende an Heideggers Ansatz ist seine Kopplung des Wahrheitsbegriffs mit dem der Technik: Er begreift in dem erwähnten Aufsatz Technik als eine Weise des Entbergens. Entbergen im Gegensatz zu bergen – als verstecken oder verwahren – heißt hervorbringen, und dieses Entbergen wird mit dem griechischen Ausdruck αλήθεια (alétheia), dem Ausdruck für Wahrheit, gleichgesetzt.[158] Wahrheit wird bei Heidegger nicht als etwas Theoretisches, sondern als ein Verhältnis von Lebens- bzw. Sachverhalt und Aussage gesehen, welches niemals vollständig kontrolliert werden kann. Schon in seinem Hauptwerk *Sein und Zeit* sieht Heidegger das Verhältnis von Erleben und Aussage selbst als ein Geschehen an – Wahrheit ist ein Prozess.[159] Heidegger nennt das, womit wir besorgend umgehen, das Zeug; es zeigt sich – metaphysikfrei behandelt – im «gebrauchend-hantierenden» Umgang, es ist Zuhandenes.[160] Ein Schraubenzieher ist erst dann ein Schraubenzieher, wenn man ihn im Gebrauch hat oder sieht, aber dann ist er nicht aus sich heraus, sondern nur zusammen mit einer Schraube verstehbar.

Heidegger sieht die Technik selbst als eine Art Metaphysik, sofern Metaphysik als Wissenschaft definiert wird, die die Be-

dingungen der Möglichkeit der verstandesmäßigen Konstitution von Gegenständen sein soll. Technik ist dann als eine Weise
des Entbergens gegenstandskonstitutiv.[161] Sie ist sowohl höchste
Gefahr als auch Rettung aus dieser Gefahr.[162] Für Heidegger ist
Technik ambivalent, sowohl geschichtlich (als eine Schickung
des Seins) wie auch von ihrem Wesen her. Daher bleiben die Zukunft und damit auch die technologische Entwicklung offen.
Freilich schleicht sich beim späten Heidegger ein pessimistischer
Grundton ein. In seinem posthum veröffentlichten *Spiegel*-Gespräch findet sich der Satz: «Nur ein Gott kann uns retten.»[163]

Gesellschaftskritik und Technikkritik

Die Bewegung rund um die 1968er Jahre, die ja nicht auf Europa beschränkt war, sondern einige Jahre vorher ihren Ausgang in den USA genommen hatte, beschäftigt bis heute Soziologen und Historiker. Wie immer man diese Zeit beurteilen mag –
sie bringt neben einer radikalen Gesellschaftskritik und neben
der noch radikaleren Wirtschaftskritik[164] Mitte der 1970er
Jahre eine Bewegung hervor, die aufgrund des Umweltgedankens nicht nur politische, sondern auch technisch-organisatorische Systeme einer teilweise fundamentalen Kritik unterzieht.[165]
Der Technikoptimismus der 1950er und 1960er Jahre weicht
einer eher skeptischen bis abwartenden Haltung. Technik wird,
wie Herbert Marcuse (1898–1979) dies in seinem Buch *Der eindimensionale Mensch* schreibt, zu einem Instrument der Unterdrückung, wenn sie in einem kapitalistischen, auf reine Verwertung ausgerichteten Gesellschafts- und Wirtschaftssystem entwickelt wird.[166]

Protestbewegungen hat es in beiden Teilen Deutschlands und
den europäischen industrialisierten Ländern jenseits der üblichen Tarifauseinandersetzungen immer gegeben. Proteste gegen
die Wiederbewaffnung der BRD im Jahre 1955, Proteste gegen
die Erhöhung der Arbeitsnormen im Sozialismus, die zum Aufstand in der DDR am 17. Juni 1953 führten, die Widerstandsbewegung gegen die Notstandsgesetze 1968, die mit der Studentenbewegung und den Vietnamprotesten zusammenfielen, der

Prager Frühling 1968 bis hin zu den Montagsdemonstrationen, die dem Fall der Mauer 1989 vorangingen, seien als Beispiele genannt. Sie waren primär politische Protestbewegungen, deren Ursache in der mangelnden Akzeptanz bestimmter politischer Richtungen und gesellschaftlicher Entscheidungen lagen. Sie hatten primär nichts mit Technik zu tun.

So war noch die Inbetriebnahme der beiden ersten kommerziellen Kernkraftwerke[167] Stade (Betrieb 1972–2003) und Würgassen (Betrieb 1971–1994) zwar mit Protesten begleitet, die jedoch primär lokal motiviert waren. Erst die Protestbewegung gegen den geplanten Bau eines Kernkraftwerks im südbadischen Whyl, die im Sommer 1973 begann, kann paradigmatisch als eine der ersten gelten, deren Auslöser der generelle Widerstand gegen eine bestimmte Technologie (hier die sog. friedliche Nutzung der Kernkraft) war. Die Ausgangslage war wiederum eher lokaler Art: Winzer befürchteten zunächst, dass die Kühltürme des geplanten Kernkraftwerks das Kleinklima am Kaiserstuhl, einem Weinanbaugebiet, verändern würden. Nach der Ankündigung des neuen Standorts (statt Breisach am Rhein das Dorf Wyhl) bildeten sich rasch die ersten Initiativen. Die Auseinandersetzung kulminierte in der Besetzung und Räumung des Bauplatzes 1975 und in einen langjährigen gerichtlichen und politischen Streit.[168] Nicht nur aus dem Blickwinkel der Opponenten, sondern auch der historischen Forschung gilt Wyhl als Geburtsstunde der Partei Die Grünen sowie der «Anti-Atomkraft-Bewegung».[169] Die folgenden, nicht mehr ganz so friedlichen Auseinandersetzungen waren in ihrer Motivation ähnlich gelagert. Es ging z. B. bei Wackersdorf (mit Beginn der Bauarbeiten von 1985 bis zur Einstellung 1989) oder Gorleben (von 1977 bis 2007) und im Zusammenhang mit den Protesten gegen die Castor-Transporte (bis heute) um das Problem, eine Aufbereitungs- und Lagerungsmöglichkeit für kerntechnische und radioaktive Abfälle zu finden. Es ging jedoch nicht unmittelbar um den aktuellen Betrieb von Kernkraftwerken und deren diskutiertes Gefährdungspotential (manifest dann doch in den Havarien von Three Mile Island bei Harrisburg, Tschernobyl[170] und Fukushima), sondern um Langzeitaspekte der Lagerung und um moralische Fragen der Verantwortung gegenüber künftigen Generationen.

Es ist müßig, an dieser Stelle eine ausführliche Geschichte und Klassifizierung der Protestbewegungen zusammenzustellen,[171] da sie den Rahmen dieser Darstellung sprengen würden. Es bleibt festzuhalten, dass auch andere Technologien als die Nutzung von Kernenergie (sei es militärisch oder friedlich) Gegenstand von organisierter Gegnerschaft waren und sind. Als Beispiele seien stellvertretend der Ausbau von Flughäfen (Startbahn West), Biotechnologien, rote und grüne Gentechnologie, Apparatemedizin, chemische und pharmazeutische Industrie, Mobilfunk resp. Elektrosmog, Künstliche Intelligenz, emissionsintensive Energietechnologien[172] sowie auch technische Vorkehrungen für die CO_2-Abscheidung und -Speicherung (Carbon-Capture-Storage-Technologie, CCS genannt.[173]

Die Akzeptanzforschung als ein Spezialgebiet der Soziologie und der Techniksoziologie im Besonderen hat festgestellt, dass die Kritik an technischen Systemen, technischen Entwicklungen oder Anlagen vor Ort nicht so sehr auf den technischen Gehalt als solchen zielt. Der Gegner ist nicht die Technik an sich, wenngleich es fundamental technikkritische Literatur gibt, auf die sich einige Wortführer berufen haben,[174] sondern die gesellschaftlichen, wirtschaftlichen und kulturellen Veränderungen, von denen befürchtet wird, dass sie mit der entsprechenden Technik zwangsläufig einhergehen könnten. Zielscheibe der Kritik sind auch die vermuteten Motivationen und Interessen derer, die eine bestimmte Techniklinie propagieren oder betreiben wollen.

Als eine besondere Form der Gesellschaftskritik kann der in den 1960er Jahren entstandene Feminismus gelten, der die kulturell festgefügten Herrschaftsformen zwischen den Geschlechtern nicht nur analysierte, kritisierte und politisch bekämpfte, sondern nach wie vor auch für eine neue Gestaltung der Geschlechterbeziehung eintritt. Zweifellos musste der Umstand, dass die meisten Technikschaffenden in Ingenieurs- und Technikberufen wie in den dazugehörenden wissenschaftlichen Disziplinen männlich sind, die Aufmerksamkeit dieser Bewegung erregen. Hier hat sich das Schlagwort *gender* eingebürgert, das sich auf das soziale, psychologische, also letztlich sozial gemachte Geschlecht einer Person bezieht, nicht auf die biologische Geschlechtszugehörigkeit. Gegenstand der Kritik ist die nur schwer aufzubrechende Exklusivität des männlichen Geschlechts für technische Berufe, die ihre geschichtlichen Wurzeln in den Zünften und den Organisationsformen des Handwerks bis hin zu den ersten Technischen Hochschulen hat. Dazu gehört auch das Militär, das durch die Waffentechnik extrem technikaffin ist. Die ersten Arbeiten, die hier maßgebende Impulse gaben, haben Judy Wajcmann[175] und Donna Haraway[176] vorgelegt, im Bereich der Computer Science und Informatik sind z. B. Shila Benhabib, Christiane Floyd und Sybille Krämer zu nennen. Es soll nicht verschwiegen werden, dass viele Äußerungen von Vertreterinnen eines Technofeminismus, die sowohl Technik- wie Gesellschafts- und Kulturkritik geübt haben, erwartungsgemäß bei den männlich dominierten Institutionen der technischen Fächer vielfach auf Unverständnis und ärgerliche Abwehr stießen. Besonders kritisiert wurde die Vermutung, dass eine nicht männlich dominierte Technikentwicklung eine andere Ausprägung erfahren hätte als die gegenwärtige Technik.[177]

Neuere Strömungen und Entwicklungen

Im Folgenden differenziert sich die philosophische Literatur über Technik sehr weit aus. Es ist fast unmöglich, die Hauptströmungen der neueren Entwicklung etwa seit 1989 zu erfassen. Hinzu kommt, dass die deutschsprachige Philosophie der Technik in den 1980er Jahren fast nur universitätsintern in Deutschland und in den USA an wenigen Universitäten rezipiert wurde, während die amerikanische *Philosophy of Technology* in Deutschland erst mit einem Kongress der Society for Philosophy of Technology in Düsseldorf im Jahre 1997 breiter bekannt wurde. Erst allmählich wurden auch Arbeiten zu diesem Gebiet aus Italien, Spanien, Lateinamerika, Russland und China[178] bei uns zumindest durch Sekundärliteratur erschlossen.

Generell kann man feststellen, dass sich die Philosophie in all ihren Ausdifferenzierungen zunehmend auch der Technik zugewandt hat, ohne dass die Philosophie der Technik als Teildisziplin der Philosophie davon sonderlich profitiert hätte.[179] Anlässe zu solch einer thematischen Hinwendung kommen zum einen aus der Phänomenologie der «Neuen Technologien», besonders der Informations- und Kommunikationstechnologien sowie der Biotechnologien, und der rasanten Umgestaltung von Kultur und Gesellschaft, sie kommen aber auch aus den Institutionen der Technikgestalter selbst.[180]

Wir können daher aus den vielfältigen Ansätzen, die sich mittlerweile in der internationalen Literatur der Philosophie der Technik finden, keinen Lexikonartikel destillieren – aus Gründen, die bei der späteren Darstellung ersichtlich werden, seien jedoch noch drei wichtige Strömungen der neueren Zeit genannt.

Kulturalistische Philosophie der Technik

In den 1960er und 1970er Jahren bestimmte Charles P. Snows These von den zwei Kulturen weitgehend das Nachdenken über Technik:[181] auf der einen Seite die empirischen und positiven Wissenschaften sowie die Technik, auf der anderen Seite die Kultur-, Geistes- und Sozialwissenschaften. Beide Seiten stellten sich gegenseitig unter Ideologieverdacht.[182] Man verdächtigte sich gegenseitig des Obskurantismus – allein schon wegen des Vokabulars. Obwohl es Ausläufer dieser Auseinandersetzung bis zum heutigen Tag gibt, haben die neuen technischen Entwicklungen diese alte Dichotomie hinweggefegt. So ist das Internet, dessen Gestaltung und Nutzung als World Wide Web keine Frage der Technik allein, sondern der Politik, der Ökonomie und der Kultur.

Von Peter Janich wurde der Begriff der kulturalistischen Wende in die Philosophie der Technik eingeführt. Objekt einer «Technikphilosophie» sind danach alle mit Technik konstitutiv verbundenen Handlungszusammenhänge.[183] In der kulturalistischen Philosophie ist die vorgängige Perspektive die Handlungswirklichkeit. Das Wissen über Technik ist für sie «praxiserprobtes Bewirkungs- und Prognosewissen».[184] Eine technische Regel gibt Handlungszusammenhänge an, die «immer wieder» vollzogen werden können – Praxen der Technik. Außerdem versucht der Ansatz, Technik als Reflexionsbegriff zu thematisieren, um eine Aufspaltung zwischen einem prozeduralen[185] und substantiellen[186] Technikbegriff aufzuheben. Die zentrale These der kulturalistischen Philosophie der Technik lautet:

> In der Möglichkeit des «Immer wieder» steckt der semantische Kern des Technikbegriffs. In der Verwendung des Technikbegriffs wird darauf reflektiert, inwiefern dieses «immer-wieder» sich durchhalten lässt und inwiefern die nahegelegte Regelhaftigkeit umgesetzt werden kann. Kurz gesagt: In der Rede des Technischen reflektieren wir die Möglichkeiten und Grenzen der Konstruktion von Situationsinvarianten.[187]

Die Konstitution von solchen Situationsinvarianten für technische Regeln stelle eine kulturelle Leistung dar. Ihre Verlässlichkeit und Berechenbarkeit sei daher auch eine Grundlage kollektiven Handelns und damit auch ein «Kernelement» zum Verständnis von Gesellschaften.[188]

Der empirical turn

Eine andere Wende, die hauptsächlich auf das Engagement der amerikanischen *Philosophy of Technology* zurückgeht, nennt sich *empirical turn*. In einem Vorwort zum gleichnamigen Reader[189] zu diesem Thema spricht der Herausgeber Hans Achterhuis zunächst von der klassischen Philosophie der Technik,[190] die auf der Bacon'schen Überzeugung aufbaue, dass technische Erfindungen wie der Buchdruck, die Literatur, das Schießpulver, die Kriegsführung und der Kompass die Welt verändert hätten.[191] Die radikalen Veränderungen, die die Entwicklung einer technischen Kultur zu begleiten pflegen, hätten sie aber nur unvollständig zu sehen vermocht.[192]

Der *empirical turn*, wie ihn die amerikanische *Philosophy of Technology* versteht, beginnt mit Thomas S. Kuhns Untersuchung der tatsächlichen Theoriendynamik in der Wissenschaft.[193] Analog dazu wird die konkrete Entwicklungs- und Entstehungsgeschichte der Artefakte und des Umgangs mit ihnen erforscht. Gesellschaft und Technikentwicklungen durchlaufen in dieser Sichtweise eine Koevolution:

> Kurz gesagt ist die technologische Entwicklung keine unabhängige Kraft, die nach ihrer eigenen Logik auf die Gesellschaft von außerhalb auftreffen würde, sie ist eher eine Aktivität der Gesellschaft, die nicht umhinkann, die Besonderheiten ihrer jeweiligen Gegebenheiten wie Zeit, Ort, Träume und Absichten wie auch die Beziehung zwischen den Menschen zu bedenken.[194]

Heute ist es nicht nur in der amerikanischen Philosophie der Technik selbstverständlich, dass Ergebnisse der Soziologie, der Kulturwissenschaften, der Arbeitswissenschaften, der Konstruktionswissenschaften und der Beobachtung vor Ort in technikphilosophische Betrachtungen einbezogen werden müssen – dafür sorgen schon die Fragen, die von einer prospektiven wie reaktiv betriebenen Technikfolgenabschätzung aufgeworfen werden.[195]

Wissenschaftstheorie der Technikwissenschaften

Die positiven, d. h. an Erfahrung orientierten Wissenschaften haben bestimmte Strukturen ihres Wissens, ihrer Methodik der Wissensgewinnung und Wissensabsicherung entwickelt, die sie vor anderen Arten des Umgangs mit Wissen – z. B. der Alltagserfahrung – signifikant unterscheiden. Diese Strukturen und Methoden wurden von der Wissenschaftstheorie des 20. Jahrhunderts gründlich untersucht. Freilich wird zu Recht gefordert, dass beide Arten des Wissens anschlussfähig sein sollten. Alltagswissen und wissenschaftliches Wissen sollten sich nicht widersprechen.

Für die im 19. Jahrhundert herausgebildeten Technikwissenschaften haben solche wissenschaftstheoretischen Untersuchungen bisher kaum stattgefunden.[196] Was die analytische Wissenschaftstheorie für die Physik und generell die Naturwissenschaften geleistet hat – man denke an den Wiener Kreis, an Karl Popper bis hin zu den Untersuchungen der Stegmüller-Schule –, steht daher in gewisser Weise für die Technikwissenschaften noch aus. Zwar hat die Philosophie in ihren Deutungsversuchen von Technik diese Fragen gestreift, aber sie eher in der ersten, klassischen Sichtweise beleuchtet: Man wollte wissen, wie man von der Physik zur Technik kommt und weshalb man nicht «gegen die Natur» konstruieren kann. Die Frage lautete, wie die Bedingungen der Möglichkeit technischen Handelns in einer physikalisch konzipierten Welt aussehen. Doch selbst diese Frage hat bisher keine allseits akzeptierten Antworten gefunden.

Genauso wichtig ist es jedoch zu fragen, ob Technik, technische Erfahrung und deren Verdichtung zum technischen Wissen nicht eine eigenständige Struktur aufweisen, die von der bekannten Struktur des naturwissenschaftlichen Wissens abweicht.

Seit den 1990er Jahren wurden Ansätze dazu entwickelt, eine Klärung der inneren Struktur des technischen Wissens vorzunehmen. Dabei hat sich gezeigt, dass die Kunst, zu konstruieren, zu bauen und Prozesse und Eigenschaften für Ziele zu nutzen, inhaltlich und strukturell über das naturwissenschaftliche Wissen hinausgeht. Denn eine Eigenschaft in der materiellen Welt wird erst dann zu einer technischen Funktion, wenn sie hinsichtlich eines Zweckes als brauchbar gedeutet werden kann. Diese Interpretation lässt sich nicht deduktiv bestimmen, sondern nur bezogen auf das Interesse desjenigen, der etwas bauen will. Mithin geht eine Theorie des technischen Wissens über naturwissenschaftliche Theorien hinaus. Das gilt auch für die formale Definition von Technik, also den prozeduralen Technikbegriff. Erst die Brauchbarkeit einer Handlungsabfolge mit Regularitätseigenschaften macht diese zu einer Technik, d. h. zu einem Verfahren. Das stimmt auch für die Produkte der Informatik: Eine Software ist erst dann erfolgreich und kann Prozesse steuern und kontrollieren, wenn sie diese Prozesse zu Verfahren machen kann. Die Struktur von Programmen geht weit über die Logik und Gesetzlichkeiten der Maschine oder des Prozesses, die sie steuern, hinaus.

Elementarbausteine des technischen Wissens sind Regeln. Regeln sind aber keine Aussagen, sondern Handlungsanweisungen. Eine Logik von Handlungsanweisungen unterscheidet sich von einer propositionalen Logik zumindest durch ihre Semantik. Anweisungen sind nicht wahrheitsdefinit, sondern effektiv oder nicht effektiv. Man kann darauf einen Logikkalkül technischer Durchführungen aufbauen, d. h. wie sich Regeln miteinander verknüpfen lassen.[197] Es ist auch möglich, mit «analytischem Werkzeug» Strukturen von technischer Funktionalität zu untersuchen.[198] Alle diese Untersuchungen beantworten keine Fragen danach, was Technik ihrer Natur nach sei, d. h., sie behandeln keine essentialistischen Fragestellungen. Sie kümmern sich vielmehr um Strukturen, deren Aufklärung zum Verständnis technologischer Entwicklungen wie auch zur Technikgestaltung hilfreich sein kann. Damit stehen sie nicht im Gegensatz zum *empirical turn*, sondern ergänzen ihn in notwendiger Weise.

Handlungssysteme

Günter Ropohls Ansatz benutzt die kybernetisch-technisch inspirierte Sichtweise der Systeme, um Technik im Rahmen eines Handlungssystems zu verstehen. Dabei werden Subsysteme definiert, die konstitutiv sind: Das Zielsystem beinhaltet als Elemente Ziele und Zwecke, ausformuliert wie in einem Pflichtenheft oder eher allgemein wie ein Wertekatalog. Als Struktur dieses Systems werden die Prioritätsrelationen für den Rang von Zielen, von Zwecken und Werten jeweils untereinander beschrieben. Dazu können auch Mittel zur Erfüllung weiterer Zwecke als Zwecke und Ziele aufgefasst werden. Struktur und Elemente dieses Zielsystems beeinflussen die Handlungen an, mit und mittels Artefakten oder Objekten, die zweckdienlich sind oder zu Artefakten umgearbeitet (zugerichtet) werden können. Diese können materiell (Dinge, Instrumente, Geräte etc.) oder immateriell (Verfahren, kontrollierbare Prozesse etc.) sein. Handlungen sind Operationen an diesen Dingen und Artefakten, deren Eigenschaften (ausgedrückt wieder als Verhalten und als Struktur von Subsystemen, die der Modellierung dienen) dadurch verändert oder deren Veränderung verhindert werden soll. Diese Veränderung hat eine Auswirkung auf die Umgebung (Umwelt oder angrenzendes System) zur Folge.

Dieses Konzept wird mengentheoretisch konsequent durchdekliniert und gipfelt im sogenannten Sachsystem, das die Materialität der Technik ernst nimmt: Zum einen sind Sachsysteme Aggregationen von Subsystemen, diese wiederum Zusammenstellungen von Artefakten und Dingen. Diese interagieren in einem naturwissenschaftlichen Sinne (Input, Output, Zustände) miteinander. Durch Handlungen wie Veränderung (Funktionstechnik), Bewegung (Transporttechnik) und Speicherung lassen sich kreuzkorrelatorisch neun Techniktypen klassifizieren. Zum anderen sind diese Sachsysteme aber immer eingebettet in ein soziales System mit den Handlungen, die sich in Entwicklung, Herstellung und Gebrauch[199] klassifizieren lassen. Die technische Funktionalität eines Artefakts entfaltet sich also erst durch die aktuelle Handlung. Dies führt Ropohl zu einem erweiterten Technikbegriff, der sich eben nicht nur auf Artefakte, sondern auch auf die Handlungen an, mit und durch sie erstreckt. Damit wird die Sachgesetzlichkeit der technischen Artefakte aufgehoben in die Gestaltungsverantwortung von Technik und den Umgang mit ihr. Das hat zwei Konsequenzen: Wir sind für die Technik verantwortlich, sie ist nicht wertneutral und Sachzwänge sind eine Ausrede: «Sachzwang» der Technik ist lediglich zu sehen als «sozialer Zwang, als sachvermittelte Herrschaft des Menschen über den Menschen».[200]

Die systemtheoretische Deutung der Technik hat das Verstehen von Technik erheblich vorangebracht, hat aber unser Technikbild abstrakter denn je gemacht. Folgt damit die Abstraktion in der Technik der Abstraktion in den modernen Wissenschaften? In gewisser Weise ja, denn die Entwicklungslinie zum universellen Instrument, zum Funktionsgedanken, zu organisatorisch-technischen Sub- und Supersystemen, zu großen technischen Systemen, die organisatorisch, wie technisch und ökonomisch im Wortsinne weltumspannend sind, verlangt ein neues Begriffsinstrumentarium. Günther Ropohl hat ein solches

Instrumentarium mit seiner Deutung der Technik mit Hilfe der Systemtheorie, die ja selbst eine technologische Theorie ist, entdeckt und verwertet, und er hat mit genuin technischen Begriffen begonnen, eine erweiterte Techniktheorie zu entwerfen – den Beelzebub also mit dem Teufel ausgetrieben. Das soll kein Vorwurf sein – die Wissenschaftstheorie hat ja durchaus entdeckt, wie viele technische Begriffe sich in die Naturwissenschaft geschlichen haben.

Ropohls großes Verdienst dürfte es sein, den Technikbegriff von seiner Fixierung auf das technik- oder ingenieurswissenschaftlich bestimmte Artefakt befreit und gezeigt zu haben, dass Technik eben auch in der Herstellung, Verwendung, Umgangsweise mit Artefakten, mit Zielen und Wünschen, mit Formen der Organisation zu tun hat, bis hin – weitergedacht – zu den Weisen der Entsorgung von Artefakten. Zur Bestückungsmaschine gehört die Entstückungsmaschine, zum Aufbau der Abbau, zum Altern der Artefakte gehören ihre Beseitigung, zur Funktion die endliche Lebensdauer und der begrenzte Gebrauch.

5. Der Anfang der Technik

Fast jede historische Darstellung von Entwicklungen geht davon aus, dass geschichtlicher und systematischer Anfang ineinanderfallen, d. h., dass die zeitliche Entwicklung und der systematische Aufbau, der notwendig ist, um einen Gegenstandsbereich darzustellen und zu verstehen, den gleichen Strukturen folgen. Dies ist bei der Technik nicht der Fall. Bis noch vor kurzer Zeit galt Technik als eine Folge der Naturwissenschaft; in gewisser Weise leitete man die Technik didaktisch aus der Physik ab.[201] Historisch ist die Entwicklung der Technik jedoch älter als die Wissenschaft – Platon und Aristoteles haben bereits in Häusern gewohnt, zu deren Bau es gewisser Techniken bedurfte, Wissenschaft aber noch nicht nötig war.

Die ersten Werkzeuge, das Mittel und der Zweck

Es gibt viele Versuche technikhistorischer, anthropologischer, paläontologischer und archäologischer Art, die Entstehungsgeschichte des ersten Werkzeugs zu beschreiben. Für manche beginnt die Menschwerdung an dem Punkt, an dem die ersten Werkzeuge von Hand hergestellt und eingesetzt wurden, andere sehen eine Koinzidenz von Sprachentwicklung und Werkzeuggebrauch, wiederum andere einen Zusammenhang in der Entstehung von Selbstbewusstsein und Werkzeug. Philosophie sollte nicht das Geschäft der Fachwissenschaften betreiben; deshalb muss man sich gerade hier vor vorschnellen Antworten hüten. Betrachten wir den Faustkeil, der als paradigmatisches erstes Werkzeug von solchen Positionen weitgehend unabhängig ist.

Der gefundene Stein ist nach Heidegger das Vorhandene,[202] das *objet trouvé*. Ein solches Objekt als nützlich in einer konkreten Situation zu erkennen, ist systematisch der erste Schritt. Eine Bedingung für diesen Erkenntnisakt ist der Zweck, für den das Objekt benutzt werden kann. Zwei begriffliche Voraussetzungen stecken in diesem Satz: Der Zweck muss eine Beziehung zu einer intentionalen Vorstellung des findenden Subjekts haben, d.h., das Subjekt muss sich den Zweck bewusstmachen können. Die zweite Voraussetzung ist, das Objekt als von der Umgebung trennbares Objekt wahrzunehmen und es als Gefundenes – *trouvé* – auch verfügbar zu haben – nicht zu weit, nicht zu schwer, ablösbar etc. Erst dann können wir von einem Gebrauch sprechen.

Der nächste Schritt ist das Herrichten oder Zurichten – bei Tieren das Abrichten. Untersuchungen am Faustkeil haben gezeigt, wie der Abschlag, also das Ablösen einer Klinge, durch geeignete Handgriffe und unter Zuhilfenahme anderer Steine eine Arbeitsspitze, eine Klinge, einen Kern und damit ein Werkzeug für die Jagd entstehen lassen.[203] Dieses Herrichten und Ingebrauchnehmen verwandelt Vorhandenes in Zuhandenes, wie Heidegger sich ausdrückt.[204] Physikalisch betrachtet, besteht die Wirkung des Faustkeils in einer Umlenkung der Kräfteverteilung – die Hand legt sich kraftschlüssig um das Werkzeug, das

Werkzeug übt nun über vektoriell anders zusammengesetzte Kräfte eine veränderte Wirkung auf das Werkstück aus. Der *homo heidelbergensis* kannte noch keine Vektorrechnung, und der moderne Begriff der Kraft war ihm wohl fremd, aber wie man einen Stein zum Faustkeil herrichtet, fand er oder seine Vorfahren vermutlich durch Versuch und Irrtum heraus. Dieses Wissen war lehrbar in dem Sinne, dass der Meister es vormachen und der Adept es nachmachen konnte.

Ein Objekt, zugerichtet oder nicht, kann nur dann Werkzeug sein, wenn es mit einem Zweck in Verbindung gebracht wird und es sich für diesen Zweck als geeignet erweist. Die einfache Handlung, das Untaugliche wegzuschmeißen, hat – wie diese kurze Skizze zeigt – schon eine ganze Reihe prinzipieller Voraussetzungen, die dem Benutzer eines Faustkeils nicht bewusst gewesen sein müssen.

Neben seine Funktion als Werkzeug oder, wie Heidegger kurz sagen würde, als Zeug[205] – als etwas, womit man zeugen, sprich schaffen, herstellen kann – tritt eine weitere Funktion des Artefakts: die Prothese.

Bei der Diskussion der Prothetik[206] gerät der Ausstattungscharakter von Techniken in den Blick. Klaus Erlach hat dies näher analysiert:[207] Es handelt sich um eine Kompensation von Mängeln, die hinsichtlich des Überlebens des Menschen bestehen. Die Prothetik ermöglicht einerseits dem Menschen, seine Ausstattung zu komplementieren, zu normalisieren und zu rekonstruieren.[208] Andererseits stellt man fest, dass das prothetische Vermögen des Menschen ihn dazu führt, seine Prothese immer weiter zu verbessern, bis sie in ihrer Teilfunktion besser als das Ersetzte oder Unterstützte wird. Ab diesem Schritt wird eine Anpassungsleistung des Menschen an die Prothesentechnik erforderlich, damit er die jeweiligen Ausrüstungsgegenstände auch in geeigneter Weise bedienen kann. Er wird von seiner eigenen Prothese abhängig und beginnt, sich ihr anzupassen.[209]

Eine weitere Beziehung zwischen Zwecken und Mitteln findet sich in einem Bereich, in dem man es zunächst nicht vermutet – im Spiel. Technik als schiere Notwendigkeit zu verstehen – weil wir meistens Technik und Arbeit zusammen denken –, ist wohl zu kurz gedacht. Arbeit kann verstanden werden als eine planvolle, zweckgerichtete Tätigkeit, die aus schierer Notwendigkeit der Natur die Mittel entreißt, die für das Überleben des Individuums wie auch für die Reproduktion der Gattung Mensch mittelbar oder unmittelbar erforderlich sind. Bei Arbeit ist Technik immer mitzudenken, aber es gibt auch Technik ohne Notwendigkeit, nämlich im Spiel. Arbeit und Spiel müssen nicht kontradiktorisch sein, sie können sich auch komplementär verhalten.[210]

Hier sind zwei Ebenen zu unterscheiden: Zum einen ist ein Spielzeug meist technischer Natur – wir spielen mit dazu hergestellten oder zugerichteten Dingen – wie Brettspiel, Bälle, Karten bis hin zum Computerspiel. Spielzeug, Spielablauf und -regeln, Dramaturgie und Sinn des Spiels lassen sich durchaus in Beziehung zum technischen Handeln setzen.[211] Andererseits lassen sich viele Motivationen des technischen Handelns und damit auch eine Reihe von Verhaltensmustern der technologischen Akteure, wie wir sie aus der alltäglichen technischen Welt kennen, als Spiel verstehen.[212] Der spielerische Umgang mit technischen Artefakten endet allerdings schnell, wenn die technischen Mittel in den Dienst des Überlebens gestellt werden. Deshalb ist ein Spielen mit Finanzderivaten, die ja auch organisatorisch-prozessuale Artefakte darstellen, wegen ihrer ruinösen Auswirkungen ethisch ebenso problematisch wie das Spielen z. B. mit Energieversorgungseinrichtungen[213] oder mit Informations- und Kommunikationstechnik.

Projektion, Exteriorisierung und das Mängelwesen Mensch

Kommen wir noch einmal zur prothetischen Funktion technischer Hervorbringungen zurück. Sie ist so offenkundig, dass sie ein Kandidat für eine Erklärung des technischen Vermögens des Menschen darstellt. Schaut man sich gängige Prothesen[214] an, die eiserne Hand des Götz von Berlichingen, die Brille, die Krücke, das Transplantationsorgan bis hin zum Computer als «Krücke» unserer kommunikativen und kognitiven Leistungsfähigkeit, dann liegt es nahe, Technik als Ausgleich von Organmängeln zu verstehen. Arnold Gehlen (1904–1976) hat eine Reihe von Beispielen aufgeführt:[215] Technik kann fehlende Ausstattung kompensieren (Waffen und Feuer), unzureichende Ausstattung verstärken (Hammer, Mikroskop, Telefon) und entlasten (Rad, Verkehrsmittel). Seiner Auffassung nach kompensiert der Mensch seinen Instinktverlust durch Intellektualität. Deshalb ist auch die Technik «intellektuell», d. h., sie liefert dem Menschen einen Ersatz des Organischen durch Artefakte aus anorganischem Material, welche er besser als das Organische zu beherrschen in der Lage ist.

Der Begriff der Organprojektion stammt, wie wir gesehen haben, ursprünglich von Ernst Kapp.[216] Ausgehend von der Hand als dem natürlichsten Werkzeug wird die Verlängerung der Hand bei Ernst Kapp zum Hammer,[217] die hohle Hand zur Schale, die Erweiterung des Arms zu Stiel und Speer, die Funktion der Zähne führt zu Säge und Messer,[218] das Gebiss zur Zange,[219] der Finger zum Griffel usw. Man kann das beliebig fortführen: Die Funktion des Magens führt zum Feuer, des Rückens zum Schild, der Haut zu Kleidung, Höhle oder Haus, der Beine zu Rädern und Kufen, des Gedächtnisses zur Schrift etc. Reißzähne werden durch das Messer ersetzt, Flügel durch Tragflächen, die Niere durch die Dialyse, die Hand durch die Prothese. Die schlagende Faust wird durch den Hammer verstärkt, die Reichweite menschlicher Sinnesorgane durch Fernrohr, Mikroskop, Mikrofon und Lautsprecher ausgedehnt, der menschliche Aktionsradius durch die Reichweite von Verkehrs- und Kommunikationstechnik potenziert. Rad und Seilzug entlasten den Menschen, Fahren und Fliegen das Gehen und Laufen, der Computer das Rechnen, die Maschine die Kräfte und das Pflaster der Straße das Gehen auf dem rauen Erdboden.

Der Begriff der Organprojektion ist später von Arnold Gehlen in seinem Werk *Die Seele im technischen Zeitalter* übernommen und modifiziert worden. Er sieht den Menschen als «sinnesarm, waffenlos, nackt, in seinem Habitus embryonisch, in seinen Instinkten verunsichert».[220] Gehlen übernimmt die These von Johann Gottfried Herder,[221] dass der Mensch ein Mängelwesen sei:

... er wäre in jeder natürlichen Umwelt lebensunfähig, und so muß er sich eine zweite Natur, eine künstlich bearbeitete und passend gemachte Ersatzwelt, die seiner versagenden organischen Ausstattung entgegenkommt, erst schaffen.[222]

Die Rede vom Mängelwesen gipfelt in der sogenannten Exteriorisierungshypothese. Sie besagt, dass das, was der Mensch durch seine körperliche und geistige Ausstattung immer schon zur Verfügung hat, nach außen verlagert, sprich exteriorisiert wird, anhand von Artefakten oder an Vorfindlichem verlängert, verstärkt und ergänzt wird und so zum Teil über seine räumlichen und zeitlichen Wahrnehmungsmöglichkeiten hinausgeht.

Allerdings muss sich die Exteriorisierungshypothese mit dem Einwand auseinandersetzen, dass möglicherweise nicht alles, was wir können, exteriorisierbar ist. Umgekehrt muss nicht alles, was technisch sich als machbar erweist, auch eine Exteriorisation darstellen.[223] Dazu kommt, dass wir heute aus wissenschaftstheoretischen Gründen eher vorsichtig geworden sind, aufgrund von Funktionsähnlichkeiten auf Strukturähnlichkeiten und umgekehrt zu schließen.

Darüber hinaus gibt es technische Leistungen an einer Stelle, wo in der natürlichen Ausstattung des Menschen gar nichts vorhanden ist, wo also nichts kompensiert wird, sondern etwa hinzugefügt wird. Um im Weltraum überleben zu können, muss der Mensch einen großen technischen Aufwand betreiben; so gibt es für den Raumanzug, für Antennen, Transistoren und Chips oder den Rückstoßantrieb keine zu kompensierenden struktur- oder funktionsähnlichen Äquivalente. Dies gilt auch für das Rad. Gehlens These ist zwar interessant, weil sie eine Suche nach einer Reihe von Beispielen und Gegenbeispielen provoziert, sie verliert aber ihre Bedeutung, da man letztlich die Organmängel des Menschen perspektivisch sehen muss: Diese Mängel lassen sich nur dann konstatieren, wenn man bestimmte Absichten, Ziele und Zwecke verfolgt. Diese können sich ändern – ein Mangel kann zum Vorzug und umgekehrt werden. Damit erweist sich Technik als offener, nicht als zwangsläufiger Prozess, der sich aus einem Gesetz der Organprojektion oder Exteriorisierung ableiten ließe.

Im Anschluss an seine These zur Organprojektion beginnt Kapp eine recht ausladende Untersuchung der Werkzeugentwicklung, die teilweise enzyklopädischen Charakter annimmt. Kapp erklärt die Entstehung dieser Werkzeuge nicht allein aus einer bewussten Analyse der Art und Weise, wie die Natur im menschlichen Körper solche Funktionen realisiert, sondern meint auch, dass das Unbewusste bei dieser Entwicklung eine große Rolle gespielt habe und wohl auch bei künftigen Entwicklungen spielen werde. Anders als Gehlen versteht Kapp den Menschen nicht nur als Mängelwesen, sondern auch als ein Wesen, das sich zu seinen Werkzeugen verhält und damit so etwas wie eine Rückprojektion vornimmt, d. h. sich auch an das Werkzeug anpasst.

Interessant ist die radikale Ausweitung des Technikbegriffs bei Kapp, die der Philosophie der Technik einen erheblichen Anfangsschwung gegeben hat. Dahinter steckt die Vorstellung, dass Instrumente nicht nur materiale Artefakte sein müssen, sondern dass es auch Instrumente der Steuerung des sozialen und politischen Lebens gibt. Dies führt letztlich zu einer Verallgemeinerung des Begriffs von Technik,[224] wie wir ihn in den Kapiteln 4 und 5 beschrieben haben. So spricht Ernst Kapp am Ende seines Buches auch von seiner Idealvorstellung eines Staates als eines Instruments der Vorsorge und der allgemeinen Daseinstechnik. Wir fühlen uns an Aristoteles erinnert.[225] Nach Kapp hat sich nur der Mensch eine Staatsform geschaffen, indem er seine sozialen Bezüge in eine Organisationsform hineinprojiziert – modern gesprochen exteriorisiert – hat.

6. Bausteine aktueller Technikphilosophie

Technik ersetzt, ergänzt und verstärkt

Das systematische Nachdenken über Technik, wie es eine Philosophie der Technik betreibt, war im ersten Schritt auf der ursprünglichen Exteriorisierungshypothese aufgebaut. Danach ist

Technik eine nach außen in unsere Umwelt und in die Mittel unseres Handelns hinein verlagerte Funktionalität unserer Organe.[226] Wir haben in Kapitel 5 schlagende und weniger überzeugende Beispiele dafür kennengelernt. Jedenfalls sind technische Mittel in der Lage, menschliche Organe und Fähigkeiten zu kompensieren, zu ersetzen und zu beeinträchtigen. Technik modifiziert allerdings nicht nur menschliche Fähigkeiten und organische Funktionen, sondern in gewisser Weise auch vorhandene Technik. Technik erzeugt neue Technik. Sie kompensiert nicht nur die organischen Funktionalitäten, sondern sie verstärkt und übertrifft sie auch, unter Umständen erzeugt sie auch völlig neue Funktionen, zu denen es innerhalb der organischen Funktionen des Menschen keine Entsprechung mehr gibt.

Die Verstärkung oder auch Verlängerung der Kompensation, die Ersetzung und die Beeinträchtigung menschlicher Technikfähigkeiten scheinen der Kern der Ersetzungspotenz von Arbeit durch Technik zu sein. So verlängert der Speer den Arm oder verstärkt der Hammer die Kraftauswirkung einer Faust. Die Benutzung eines technischen Mittels hilft, die organischen, sprich physischen, die steuernden oder auch die kognitiven Fähigkeiten des Menschen zu verstärken und in Bereiche hinein zu verlängern, die ihm von sich aus nicht zugänglich wären. Die heutige Technik ist so weit fortgeschritten, dass wesentliche technische Handlungen nicht mehr physisch, sondern wiederum über technische Systeme geschehen. Die dort sich abspielenden physikalischen Größenordnungen werden dabei auf das menschliche Maß heruntertransformiert, beispielsweise indem wir einen Knopf drücken. Umgekehrt muss diese Transformation die menschlichen Wirkungen auf entsprechende physikalische Größenordnungen verstärken, die der Menschenhand nicht mehr zugänglich sind.

Im Prozess des Fortschreitens der Technik nimmt die kompensatorische Fähigkeit technischer Hervorbringungen zunehmend die Gestalt der Ersetzung an. Viele Fähigkeiten des Menschen werden wegen der technischen Hilfsmittel nicht mehr oder nicht mehr in dem Maße gebraucht wie ohne Einsatz dieser Mittel. Mittlerweile ist die Ersetzung menschlicher Organe und ihrer

Fähigkeiten durch technische Hilfsmittel, nicht nur bei den physischen, sondern auch den sinnesphysiologischen Fähigkeiten, das hervorstechende Merkmal technologischer Entwicklung. Das gilt auch für die menschliche Fähigkeit des Rechnens, der Exekution von Regeln, vor allen Dingen dann, wenn sie formaler und repetitiver Natur sind, sowie der Informationsverarbeitung, sofern sie über das pure Rechnen hinausgeht.

Freilich ist auch eine Beeinträchtigung menschlicher Organe und Fähigkeiten durch Technik zu sehen: Belastung und Beanspruchung können durch einseitigen Gebrauch, der durch Prothese oder durch Ersetzung und Kompensation zustande kommt, beeinträchtigt werden. Ebenso hat die nur durch die Technisierung mögliche hohe Arbeitsteilung, z. B. bei der Taylorisierung, zu einer Beeinflussung der menschlichen Fähigkeiten geführt, auch zu einer gewissen Entsinnlichung der menschlichen Arbeit. Dieser Effekt ist auch bei der Automatisierung und bei der Informatisierung der Arbeitswelt zu beobachten, da die Inhalte immer abstrakter werden und sich der eigentliche Prozess des Bearbeitens vom Bearbeiter vermöge der dazwischengeschobenen technischen Mittel immer weiter entfernt.

Kommen wir auf den Kern der Ersetzungspotenz von Arbeit durch Technik zurück. So sehen wir in der Entwicklung der Landwirtschaft eine Freisetzung durch die gestiegene Produktivität – heute sind bei Vollversorgung einer Bevölkerung im Schnitt nur noch ca. drei Prozent der Bevölkerung in der Landwirtschaft, mithin mit der originalen Herstellung von Lebensmitteln beschäftigt. Die Innovation der chemischen Düngemittel und die Maschinisierung der Landwirtschaft haben zu dieser enormen Produktivitätssteigerung beigetragen.[227]

Die Industrialisierung bot Arbeitsplätze in den Fabriken an. Möglich geworden war sie durch eine Reihe bekannter Faktoren: Ersetzung der menschlichen Arbeitskraft durch die Organisation externer Energie (von der Windmühle bis zur Dampfmaschine, später der Erzeugung von Elektrizität und dem leichten Transport dieser Energieform) sowie durch die organisatorische Innovation der Arbeitsteilung.[228] Allerdings ist die moderne Arbeitsteilung im Zuge der Industrialisierung nicht entlang der

Fertigkeiten und Fähigkeiten des Menschen (Schuster, Bäcker, Soldat, Politiker) verlaufen, sondern entlang der Teilbarkeit des Arbeitsprozesses, der durch die Methode der kürzesten Zeiten, durch maschinell unterstützte Arbeitsschritte und maschinelle Prozesse determiniert wird.

Im Zuge der Rationalisierung des Produktionsprozesses und damit auch seiner Automatisierung stellt man den Rückgang des produktiven Kerns zugunsten der indirekten Bereiche (Dienstleistungen) fest. Dies geschieht durch die Innovationen in der Automatisierung – die im produktiven Bereich freigesetzten Arbeitskräfte wandern in den Dienstleistungsbereich innerhalb und außerhalb der Produktionsbetriebe ab. Es entstehen Dienstleistungsbetriebe auch außerhalb der eigentlichen Produktionsbetriebe. Teile der Produktion werden autonom und optimieren sich selbst. Damit wird ein Prozess eingeleitet, der die Fraktalisierung der Fabrik genannt wurde.[229]

Die Innovation der Arbeitswelt und mittlerweile aller unserer Lebensbereiche durch Informatisierung und Computerisierung zieht weitere Rationalisierung nach sich, dieses Mal im indirekten, organisatorischen Bereich. Auch diese Rationalisierung führt zu Freisetzungen in den Arbeitsmarkt, die aber nun nicht mehr, wie im nachgeschalteten Kaskadenmodell, durch weitere Entwicklung aufgefangen werden können. Der Dienstleistungsbereich wächst nicht so schnell, als dass er die Verluste an Arbeitsplätzen aus seiner eigenen Rationalisierung durch Anlagerung und Erzeugung neuer Aufgaben und Märkte vollständig kompensieren könnte.

Legt man einen diachronischen Schnitt durch diese Entwicklung, so sieht man zwei Charakteristiken: Die Prozesse werden abstrakter und verlangen daher für die Beteiligten ein erhöhtes Abstraktionsvermögen bei der Erfüllung ihrer Aufgaben. Man kann eine funktionale Verdichtung bei den erforderlichen Arbeitsschritten und Arbeitsaufgaben feststellen. Mit Hilfe des ersetzenden, kompensierenden und verstärkenden Potentials der Technik lassen sich mehr prozessuale Arbeitsschritte pro Zeiteinheit bewältigen.

Die entsprechenden Schritte seien kurz genannt: Die *Mecha-*

nisierung als Ersetzung menschlicher Arbeitskraft durch die Organisation externer Energie führt in ihrem Gefolge zu einer *Maschinisierung*, die die Umwandlung dieser externen Energie in geregelte Kräfte bei manuellen Arbeitsprozessen vermöge von Maschinen bewerkstelligte. Dies kann man sich in diesem Stadium auch rein mechanisch denken: Hier ist die Maschine noch, wie bei Immanuel Kant, «ein Gebilde, dessen wirkende Kraft von seiner geometrischen Form abhängt».[230]

Bei der *Automatisierung* wird der Steueraufwand der Maschine zuerst unterstützt und dann durch Regeln eliminiert, die mit Hilfe von Information, die aus dem Prozess selbst gewonnen wird, exekutiert werden. Der Regler ist das Signet der Automatisierung, eine Maschine steuert sich nach einer extern vorgegebenen Sollgröße aufgrund der Messung der entsprechenden Zustandsgröße selbst.[231] Damit erhalten wir eine Entkopplung von Bedienzeit und Betriebszeit, was zu einer Reduktion der Arbeitszeit seit etwa 1900 bis heute um ungefähr 50 % geführt hat. Allerdings ist diese Senkung nicht gleichmäßig, die Verkürzungsgeschwindigkeit scheint sich zu sättigen. Und so haben wir seit den 1980er Jahren keine nennenswerte Verkürzung der Arbeitszeit mehr, die der Verkürzung in den früheren Perioden entsprechen würde.[232]

Es muss allerdings gesagt werden, dass nicht die Automatisierung allein zur Verkürzung der Arbeitszeit geführt hat. Auch der Wunsch, die Arbeitszeit zu reduzieren, gerade angesichts der damals noch sehr belastenden Industriearbeit, hat zu einem erheblichen Automatisierungsdruck geführt. Hier liegt eine auch in der Techniksoziologie bekannte und gut untersuchte Wechselwirkung zwischen Technik und gesellschaftlichem System vor.

Die *Informatisierung*, worunter man die computergestützte Erzeugung, Reorganisation und Durchführung der Regelung von Arbeitsprozessen und damit verbunden möglichst auch aller organisatorischer Prozesse verstehen kann, hat zur Schaffung neuer und zur Rekonstruktion bereits bestehender Kommunikationsprozesse geführt. Man kann drei Phasen unterscheiden: Zuerst stellte man einen großen Rechner für viele bereit (*Mainframe*-Phase). Über die gegenwärtig noch andauernde Phase der

Zuordnung von einem Benutzer zu einem Computer, einschließlich der Vernetzung mit anderen Rechnern (*Personal-computer*-
Phase), gelangt man schließlich zur Zuordnung von vielen Com-
putern zu einem Benutzer (*Many-for-one*-Phase). Dies führt im
Zusammenspiel mit der weiter fortschreitenden Miniaturisie-
rung der Computer zu einer Bestückung aller möglichen Objekte
und Mittel, auch des Alltagslebens, mit entsprechend kleinen,
zunehmend unsichtbar werdenden, informationsverarbeitenden
Einheiten – *ubiquitous computing* oder Verteiltes Rechnen genannt. Hinzu kommt die Entwicklung, große Datenbestände
aus dem eigenen Endgerät in bereitgestellte Speicherkapazitäten
im Netz zu verschieben – dem sogenannten *cloud-computing*.
Diese bis heute andauernde Informatisierung hat unsere Lebenswelt in den letzten 30 Jahren radikaler umgekrempelt als vermutlich die 200-jährige Entwicklung zuvor und hat ebenso zu
einer erneuten radikalen Umgestaltung der Arbeitswelt geführt,
die nur mit dem Umbruch der ersten Industriellen Revolution
vergleichbar ist.

Als weiterer Schritt könnte man die Biologisierung der Technik ansehen, d. h. die Erzeugung, Verwendung und Modifika-
tion von sowohl anorganischen wie biologischen Substanzen,
Materialien, Prozessen und Funktionen. Hier wird insbesondere die sogenannte NBIC-Konvergenz diskutiert: das Zusammenwachsen von Nanotechnologie (N),[233] Biotechnologie (B),
Informations- und Kommunikationstechnologie (I) und technisch verwertbaren Ergebnissen der kognitiven Wissenschaften
(C) zu neuen Techniklinien. Unter Konvergenz versteht man das
Zusammenwachsen zweier bisher getrennter Techniklinien zu
einer neuen Technik. Auch hier lassen sich die beiden schon erwähnten Charakteristiken leicht feststellen: Die Zunahme der
Abstraktion, auf der sich die technischen Funktionen und ihre
Ersetzung durch neue technische Funktionen abspielen, und die
funktionale Verdichtung der technologischen Prozesse, die in
eine Erhöhung der Anzahl technologisch realisierbarer Funktionen pro Raum-Zeit-Einheit mündet. Diese Charakteristiken
verändern die Anforderungen an alle diejenigen, die mit dieser
Technik arbeiten und umgehen.

Die Inversion der Zweck-Mittel-Beziehung

Kommen wir noch einmal auf die «Küchenmesserphilosophie» und die angebliche Neutralität technischer Mittel zu sprechen.[234] Ein mögliches Gegenargument ist, dass auch der normale Gebrauch eines Mittels bereits wert-geladen ist, selbst wenn man mit dem Messer nur Konfitüre aufs Brot streicht. Es ist zwar richtig, dass sich der hier vorausgesetzte Zweck im Normalfall schlecht moralisieren lässt – Diskussionen sind nicht erforderlich, wenn nicht gerade die Pathologie des suchthaften Verzehrs von Marmelade oder Vergleichbares vorliegt. Schon die alleinige Existenz einer technischen Möglichkeit ist aber bereits in der Lage, unsere Entscheidungen zu beeinflussen, d. h., wir sind auch vom methodologischen Standpunkt her nicht völlig frei.

Eine gewöhnliche Ziel-Mittel-Relation besteht aus drei wesentlichen Teilen: Zuerst kommt das Wissen, das in den meisten Fällen als kausale Relation ausgedrückt wird. Wenn ein Umstand A gegeben ist, verursacht dieser einen anderen Zustand B. Formal wird dies als Implikation geschrieben $A \rightarrow B$. Als zweites Moment muss ein Ziel oder Zweck festgelegt werden, den man als den gewünschten Zustand B ansieht. Drittens formuliert man schließlich eine Regel, die beim Wissen von $A \rightarrow B$ bei gewünschtem Ziel B rät, es mit A zu versuchen. A ist dann das Mittel zum Zweck B. Die Ziel-Mittel-Relation kann auf zwei Weisen ausgedrückt werden:

a) Der wohlbekannte pragmatische Syllogismus: Es wird aus dem Wissen um eine Sache und dem Ziel auf die Wahl des Mittels geschlossen. Dies ist der übliche Weg, Technik zu entwickeln: Wenn $A \rightarrow B$ und B der gewünschte Zustand ist, dann wähle man A als Mittel. Dies konstituiert die technische Regel: «B per A».

b) Der praktische Syllogismus: Man schließt aus der Handlung eines Menschen auf das Ziel und versucht, die Handlung angesichts des Wissens um eine Sache durch das Ziel zu erklären.

Es gibt noch eine dritte Variante des Syllogismus:

c) Wenn die Regel «B per A» funktioniert und A ist verfügbar, warum sollen wir dann nicht die Regel testen und A anwenden? Somit wird das Ziel B entsprechend der Verfügbarkeit des Mittels A gewählt.

Diese Inversion der Zweck-Mittel-Relation ist ein wohlbekannter Effekt im alltäglichen Handeln. Mittel und Zwecke interagieren und geben so Anlass zu Neuem, aber auch zu dem, was man *overengineering* nennt. Man bezeichnet damit das Bestreben, ein technisches System zu schaffen, das möglichst viele technische Funktionen vereinigt und damit im praktischen Gebrauch zu guter Letzt funktionsuntüchtig wird. In der Softwarebranche und der Informatik ist dieser Trend schon länger bekannt. Das Ergebnis ist, dass technische Systeme mit so viel technischen Funktionen wie möglich ausgestattet werden, was dann zu einer Dysfunktionalität führt, da die Benutzeroberflächen übertrieben komplex werden (Bahnkartenautomaten, Menüsteuerung bei Alltagselektronik usw.) und sich zu viele Möglichkeiten der Bedienung ergeben, die der normale, sprich idealnaive Benutzer gar nicht mehr überblicken kann und auch nicht will.[235] Die Verfügbarkeit über eine technische Funktionalität – also das Mittel – verführt dazu, neue Zwecke zu definieren, vor allem, wenn damit eine Aufrüstung der Produkte erreicht werden kann, die sich so angeblich besser verkaufen lassen.

Nochmals – der antiquierte Mensch

Beginnen die Zwecke den Mitteln hinterherzulaufen, kann man Technik auch als die Herstellung und Verfügbarmachung von Mitteln für freigehaltene Zwecke sehen, so Carl Friedrich von Weizsäckers (1904–2007) Definition von Technik in Zusammenhang mit Macht.[236] Werden die Mittel durch das *overengineering* aber so universal, dass sie sich für fast jeden Zweck eignen, dann muss man Günther Anders mit dem schon erwähnten Zitat recht geben, «... daß wir mehr herstellen als vorstellen und verantworten können».[237]

In der dritten Revolution wird bei Anders der antiquierte Humanismus liquidiert.[238] In der vierten Revolution macht sich der Mensch selbst überflüssig, er rationalisiert sich selbst weg als unzuverlässiges Zwischenglied einer funktionalen Kette. Nicht nur die Möglichkeit der Zerstörung unserer Lebensgrundlagen durch ökologische oder nukleare bzw. militärische Katastrophen, sondern auch die Ersetzung des Menschen durch die Technik setzt die Zweck-Mittel-Relation letztlich außer Kraft.

Dass Macht sich verselbständigen kann, dass sie, wie andere menschliche Triebe, der Kontrolle bedarf und zur Droge werden kann, ist hinreichend diskutiert worden. Wenn die Gestaltung von Technik sich den Machtverhältnissen einerseits anschmiegt und sie noch verstärkt, so verändert sie doch auch Machtverhältnisse und wird durch Machtverhältnisse getrieben. Die Universalisierung der Technik beschert denjenigen, die sie herstellen, anbieten, betreiben und nutzen, einen Zuwachs an Macht, der asymmetrisch verteilt ist: Nur selten sind die Nutzer von Technik auch diejenigen, die bestimmen, wofür sie eingesetzt wird. Der Entwicklungsingenieur arbeitet an einer Rationalisierung, die seine Kenntnisse, seine Arbeit und ihn selbst vielleicht eines Tages überflüssig machen. Dass man als Nebenfolge von Rationalisierung soziale Verwerfungen in Kauf nimmt, und zwar weltweit, die mit Globalisierung des Arbeitsmarktes, Flexibilisierung, Leiharbeit, prekären Arbeitsverhältnissen, Dumping-Löhnen und dergleichen umschrieben werden können, zeigt, dass die ökonomische Macht sich der technischen Entwicklung bedient. Der antiquierte Mensch von Günther Anders ist letztlich nicht der Technik, sondern der Ökonomie im Weg.

Die These der Konvergenz und der Universalisierung des Werkzeugs

Der Begriff der Konvergenz kommt in vielen Bereichen vor, den meisten Lesern dürfte er aus der Mathematik bekannt sein. In der Medientechnik meint er das Zusammenwachsen unterschiedlicher Medien in einem Endgerät. Generell meint man heute mit dem Begriff Konvergenz in der Technik, dass es möglich ist, zwei unterschiedliche Techniklinien zu einer gemeinsamen Technik zusammenzuführen.

Ein Beispiel für die Konvergenz unterschiedlichster Techniklinien kann man in der Entwicklung der Rundfunk- und Fernsehtechnik erkennen. Die Photographie entwickelte sich weiter zur Kinematographie. Die Rundfunktechnik mit ihren Einrichtungen für Aufnahme und Speicherung akustischer Ereignisse auf elektromagnetischer Basis gab den Weg zur Entwicklung der Tonfilmtechnik frei, als es möglich wurde, akustische Signale auf einem Film durch die Modulation von Lichtintensität aufzunehmen und wiederzugeben. Dies überbrückte die Kluft zwischen verschiedenen Trägern, der Aufnahmetechnik des Films und der der Schallplatte.[239] Heute sind Film- und Fernsehtechnik über die Digitalisierung ebenso aufs Engste miteinander gekoppelt, wie dies die Nachrichtentechnik und die Rechnertechnik in der Informations- und Kommunikationstechnik sind.

Der Konvergenzbegriff kann einerseits deskriptiv benutzt werden, um historische Entwicklungen zu analysieren und nachzuzeichnen, er ist aber auch geeignet, mögliche zukünftige Entwicklungen in Szenarien zu skizzieren bzw. Roadmaps, also Absichtserklärungen für zukünftige Entwicklungen, zu entwerfen. Jedenfalls dient er auch zu einer Präzisierung der Beschreibung von Veränderungen.[240]

Die These, wonach Technikentwicklung entlang von Konvergenzlinien verläuft, gibt die Sicht frei auf die Konvergenz von Zwecken. Ein Mittel für mehrere Zwecke zu haben, ist immer mit weniger Aufwand verbunden, als mehrere Mittel für nur einen Zweck zur Verfügung zu haben. Die daraus folgende Inversion der Zweck-Mittel-Beziehung führt daher zur Tendenz der Universalisierung der Artefakte. Beispiele für universale Geräte finden sich am ehesten da, wo die Konvergenz am stürmischsten verläuft, in der Informations- und Kommunikationstechnik. In der Tat sind das iPhone und dessen künftige Weiterentwicklungen wie die Smartphones schon so etwas wie universale Endgeräte, die freilich ohne eine organisatorische Hülle, nämlich das Mobilfunknetz und das World Wide Web sowie die zahllosen Diensteanbieter, nicht denkbar wären. Weitere Beispiele lassen sich durchaus nicht nur in der Konsumelektronik, sondern auch im Investitionsgüterbereich, insbesondere der Produktionstechnik finden.

Diese Tendenz zur Universalisierung macht die Technik wirkungsmächtiger denn je, und sie macht sie zunehmend irreversibel. Hat man ein Mittel für viele Zwecke gefunden, wird man darauf kaum zugunsten eines Mittels verzichten, das weniger Zwecke erfüllt. Dieser Umstand ist einerseits die Triebfeder des Marketings, das bei den Entwicklungsingenieuren das *overengineering* geradezu bestellt, andererseits provoziert dieser Umstand, dass sich kaum jemand einer solchen Technik entziehen kann. So kann sie zu einer Zwangsveranstaltung werden.

Die Deutung von Technik als Mittel für freigehaltene Zwecke[241] setzt Technik zweierlei Kritikmöglichkeiten aus: Die Mittel sind nicht geeignet für die Zwecke, und die Zwecke selbst sind fragwürdig. Die Mittel allein deshalb herzustellen, weil sie hergestellt werden können, also alles zu machen, was technisch machbar ist – diese Meinung hält C. F. von Weizsäcker für einen kindlichen Allmachtstraum, der bei einem Kind rührend, bei einem Erwachsenen verbrecherisch sei. Und er fährt fort:

> Diese Meinung ist Ausdruck einer prinzipiell untechnischen Mentalität. … Wo kein Zweck ist, ist das Mittel unnötig. Wer die Zwecke nicht erwägt, handelt gegen den Geist vernünftiger Technik. Alles Machbare zu machen ist Drogenmißbrauch, Mißbrauch der Droge Macht. Es verdient nicht den Namen Technik. Technik ist erwachsene Genauigkeit.[242]

7. Technik ist mehr als angewandte Wissenschaft

Die Verwissenschaftlichung der Technik hat begonnen, als die Wissenschaft im 17. Jahrhundert zu einer Methodik aufstieg, der sich mehr oder weniger alle dann sich ausdifferenzierenden Disziplinen unterwarfen – wenngleich mit unterschiedlichen Begrifflichkeiten, Kriterien und Ansprüchen. Dabei muss man zwei

Ebenen unterscheiden: zum einen, ob man technische Erkenntnisse gewinnen will, indem man wissenschaftliche Erkenntnisse «anwendet», oder ob man über Technik als Gegenstand, als Vorgehensweise wie als Phänomen wissenschaftlich forscht. Im letzteren Fall sind daran viele Disziplinen beteiligt: die sozialwissenschaftlich orientierte Technikforschung, die Technikgeschichte, die Technik- und Arbeitspsychologie und auch die Technikphilosophie, um einige zu nennen. Die Gewinnung technischer Erkenntnisse als Anwendung wissenschaftlich gewonnener Erkenntnisse, insbesondere aus den Naturwissenschaften und der Ökonomie einerseits und die Entwicklung eigener ingenieurswissenschaftlicher Methodiken andererseits, haben die These von der Verwissenschaftlichung der Technik und der Technisierung der Wissenschaften hervorgebracht: Ohne Technik kann man keine Naturwissenschaften und deren notwendigen experimentellen Aufwand mehr betreiben, ohne Naturwissenschaften entwickeln sich die Techniken nicht mehr weiter. Dies hat sich dann zur vereinfachten These zugespitzt, dass Technik lediglich angewandte Naturwissenschaft sei.

Der Kern des technischen Wissens: Effektivität

Nun ist Technik älter als die Wissenschaft im modernen Sinne. Die Pyramiden, die antiken Paläste, die Festungsanlagen, aber auch schon antike Öfen zur Verhüttung von Metallen wurden ohne die Galilei'sche und Newton'sche Physik, ohne moderne Chemie und Verfahrenstechnik gebaut.[243] Aber der Aufstieg der Wissenschaften im 17. Jahrhundert beschleunigte den technologischen Aufstieg ohne Zweifel in immensen Größenordnungen. Dazu kommt, dass wir aufgrund des heutigen Wissens viele Techniken aus der Geschichte zu verstehen meinen, weil wir sie im Kontext naturwissenschaftlicher Erklärung rekonstruieren können.

Die philosophische Frage ist jedoch, ob sich die innere Struktur des technischen Wissens, aufgrund dessen wir oftmals so erfolgreich handeln, allein aus der Struktur des naturwissenschaftlichen Wissens her verstehen lässt, d. h., ob aus naturwissenschaftlichem Wissen ohne Weiteres eine Technik abgeleitet werden kann. Oder könnte es sein, dass Technik, älter als Wissenschaft, als eine genuine Weise eines regelgeleiteten Handelns aufzufassen ist, das auch andere Strukturen als die Naturwissenschaft aufweist und daher auch eigenständige Erkenntnisweisen aufgrund ganz anderer Kriterien beinhalten könnte?

Die bisherigen wissenschaftstheoretischen Untersuchungen auf diesem Gebiet knüpfen an das an, was wir im vorigen Kapitel bei der Zweck-Mittel-Beziehung kennengelernt haben: Wenn man weiß, dass aus dem Vorliegen der Eigenschaft A die Eigenschaft B ursächlich folgt, und man möchte B als Ziel verwirklichen, ist es geraten, A ins Werk zu setzen. In formaler Schreibweise drückt man den kausalen Zusammenhang als Implikation (A→ B) aus, die Bedingung, dass B die gewünschte Zieleigenschaft ist, als B, und die Aufforderung, dass man dann **B** durch das Tun von **A** erreichen könne, als **B per A**. Die unterschiedlichen Typen der Buchstaben verweisen auf unterschiedliche Typen dessen, was sie ausdrücken. Bei A und B handelt es sich um Beschreibungen von Eigenschaften, die zutreffen (z. B. im Sinne einer Prädikation), bei **A** und **B** werden Handlungen ausgedrückt. Der formale Ausdruck[244]

Wenn (A→ B) und B ist Ziel, dann tue oder versuche **B per A**,

enthält nun nicht mehr nur Aussagen, die wahr oder falsch sind wie (A→ B), sondern auch eine Angabe dessen, was gewünscht wird, also eine normative Aussage, und eine Handlungsaufforderung, die wir als Regel bezeichnen können. Diese Regeln sind weder wahr noch falsch, sondern effektiv oder nicht effektiv, wenn man sie in die Tat umsetzt. Eine Reihe von logischen Untersuchungen an diesem pragmatischen Syllogismus zeigt, dass er keine naturwissenschaftliche Erklärung darstellt und dass man aus der Aussage, aus A folge B, die Regel **B per A** nicht ableiten kann. Setzt man die Wenn-dann-Aussage, aus A folgt B, als typisch für die empirische und theoretische Naturwissenschaft an, dann ist die Regel **B per A** typisch für ein Handeln, das sich gewisser Mittel bedient. Technisches Handeln ist solches Handeln, das sich technischer Mittel (seien es Artefakte oder Vorfindliches) zweckorientiert bedient. Die logische und weitere wissenschaftstheoretische Analyse findet sich andernorts und würde hier zu weit führen, man kann aber aufgrund dieser Figur schon einige Aussagen über die Struktur technischen Wissens machen.[245]

Das entscheidende Kriterium in der Technik ist nicht die Wahrheit, sondern die Effektivität. Man sieht auch, dass man allein mit der Kenntnis der Regel: «Wenn B gewünscht wird, versuche B per A» technisch erfolgreich handeln kann, wenn die Regel B per A effektiv ist. Das sieht man deutlich an den Servicetechnikern: Sie befolgen gewisse Regeln: «Wenn die rote Lampe am Analysegerät brennt, tausche das Modul aus», ohne dass sie wissen müssten, warum diese Regel «funktioniert».

Wissenschaft und Technik

Nun kann man einwenden, dass auf dieser Ebene der Beschreibung das pure Handwerk von der Technik nicht abgegrenzt werden könne. Im Gegensatz zum Handwerk, das sich verfügbarer Technik bedient, kommt bei der Technik aber hinzu, dass sie Mittel für vorgegebene Zwecke entwickelt, oft auch für sehr breite, nicht näher definierte Klassen von Zwecken.

Die vermutete, als Arbeitshypothese angenommene oder auch naturwissenschaftlich erhärtete Kausalitätsbeziehung (A → B) gehört zur Basis oder Hilfswissenschaft, die Regel B per A kann ein Ergebnis technikwissenschaftlicher Forschung sein. Sie kann aber auch aus der unmittelbaren technologischen Erfahrung ohne Forschungshintergrund gewonnen worden sein. Dies macht es für Außenstehende oftmals schwierig, ein technologisches Regelwerk mit Technikwissenschaften in Verbindung zu bringen. Ohne ‹wenn› gibt es keine Wissenschaft – das bedeutet, dass in einer wie auch immer konzipierten Technikwissenschaft die Bedingungen genannt werden müssen, unter denen eine Regel überhaupt formuliert und angewendet werden kann: Eine Norm (oder ein Zweck) wird konditional vorausgesetzt (wenn B als Ziel) und ist damit Bestandteil des technologischen Wissens.

Normen können in der Wissenschaft prinzipiell nicht aus-
geschlossen werden, spielen aber im deskriptiven Teil der
Grundlagenwissenschaft generell weniger eine Rolle als in den
angewandten Wissenschaften. Die naturwissenschaftlichen Disziplinen stellen analytische Verfahren zur Reduzierung von
Komplexität dar, indem sie die Beschreibung komprimieren. So
sind die Grundgesetze der Physik beispielsweise extrem kompri-
mierte Beschreibungen für eine ungeheure Vielzahl von Phäno-
menen. Die Technikwissenschaften entwickeln systematische
Verfahren zur Erzeugung von Komplexität, indem sie synthe-
tisch vorgehen und gleichzeitig versuchen, auch diese Komplexität wiederum durch das Herausarbeiten allgemeiner Gesetzlichkeiten von technischen Systemen zu reduzieren.

Man kann diese Unterscheidungen auch an anderen wesentlichen Bestimmungsstücken festmachen. So sind die empirischen
Absicherungen in den Naturwissenschaften eher durch Beobachtung und Experiment, in der Technik und den Technikwissenschaften eher durch das gekennzeichnet, was man Test nennt.
Im theoriegeleiteten Experiment werden durch die Verwendung
einer Theorie (in Form von Konditionalsätzen «wenn – dann»)
und durch die Herstellung von klar definierten Anfangs- und
Randbedingungen Prozesse angestoßen, die beobachtet werden
können. Deren Verlauf kann dann mit der Theorie verglichen
werden. Im Experiment wird eine Theorie oder eine Regelmä-
ßigkeit daraufhin untersucht, ob sie sich zu einem bestimmten
Grad bewährt bzw. mit welcher Wahrscheinlichkeit sie zutrifft.
Hier wird der Blick immer vorrangig auf die Möglichkeit einer
Verallgemeinerung gerichtet.

Beim Test einer Regel werden hingegen ein Bauteil, ein Zu-
sammenbau oder eine ganze Anlage auf die Erfüllung von Funktionen überprüft, die vorher in Abhängigkeit von angenomme-
nen Rand- und Anfangsbedingungen vermutet worden sind.
Eine zu testende Regel stellt eine Funktionsvermutung dar. Im
Mittelpunkt steht also nicht der natürliche oder induzierte Ab-
lauf oder Prozess, sondern die Frage, ob die zu testende Regel
effektiv ist. Es wird dabei keine Generalisierbarkeit ange-
strebt.[246] Es geht um den wiederholbaren Einzelfall.

Technikwissenschaften

Die wissenschaftssystematische Verortung der Technikwissenschaften hat sich als ein schwieriges Unterfangen herausgestellt, da sich die Grenzen zwischen sogenannten Grundlagenwissenschaften und Angewandten Wissenschaften nicht scharf ziehen lassen. Naturwissenschaften streben zu einer Theorie über einen Gegenstandsbereich, indem sie Wenn-dann-Aussagen über das Verhalten von Systemen oder ihren Elementen durch mathematische Funktionen modellieren, d. h. im Kern ihrer Theorien gesetzesartige, deskriptive Aussagen machen. Technikwissenschaften sind eher darauf aus, technische Funktionen als technologische Regeln zu formulieren, deren verknüpfte Gesamtheit ein effektives technologisches Wissen über eine bestimmte Technologie darstellt.

Ebenso wie empirisches Wissen auch ohne ausgebaute Theorie systematisiert werden kann (Phänomenologie), lässt sich auch technologisches Wissen systematisieren, ohne über eine ausgefeilte technologische oder dazugehörige naturwissenschaftliche Theorie oder Theorien aus den entsprechenden Mutterdisziplinen oder Hilfswissenschaften zu verfügen.

Generell spielt hier das Verhältnis von Wissenschaft und Hilfs- oder Mutterwissenschaften eine Rolle. Jede Wissenschaft kann für eine andere Wissenschaft Hilfswissenschaft sein (Mathematik für die Physik, Biochemie für die Forensik, Erziehungswissenschaft und Historie für Museumskunde etc.). Dieses Verhältnis von Wissenschaft und Hilfswissenschaft kann auch das Verhältnis von angewandter und reiner Forschung annehmen, wie beispielsweise die Methoden der Physik (*Computational Physics*) für die numerischen Methoden in der Mathematik fruchtbar angewendet werden können. Die Vermittlung zwischen Ergebnissen der Technikwissenschaften und dem, was der Techniker braucht und tatsächlich tut, geschieht sowohl über den Markt wie über den Gesetzgeber und auch über Normen und Institutionen. Gerade diese Vermittlung zeigt, dass beide Bereiche nicht ohne Weiteres trennbar sind, sondern überlappende Gebiete aufweisen. Insbesondere finden sich bei Institutionen sowohl technikwissenschaftliche wie rein technische resp. praktische Züge.[247]

Der Techniker geht in der Regel davon aus, dass die von ihm benutzten und von entsprechender Seite zur Verfügung gestellten technologischen und operativen Regeln[248] effektiv sind und er sich darauf verlassen kann. Die Frage ist, welche Methode er bei der Anwendung dieser Regeln verwendet und inwiefern er sich dann z. B. gegen Haftungsfragen absichert. Die Technikwissenschaften entwickeln Prinzipien, Methoden und Vorgehensweisen zur Erzeugung technologischer Regeln. Beide Vorgehensweisen sind methodisch und praktisch jedoch nicht sauber voneinander zu trennen, sondern stehen in enger Wechselwirkung. Diese Wechselwirkungen sind z. T. theoretisch noch wenig erforscht, in der Praxis sind sie sehr wohl bekannt, wenn meist auch nur als implizites Wissen.[249]

Von der Magie der un-wissenden Beherrschung

Konstruktionen sind heute, gerade in der Elektronik, mittlerweile so modular aufgebaut, dass keine Ersatzteile, sondern ganze Module bei der Instandhaltung oder Reparatur ausgetauscht werden. Sind bestimmte Kriterien erfüllt, z. B., dass der Diagnosecomputer bestimmte Werte anzeigt, wird der Austausch vorgenommen. Diese Handlung, die eine Wiederherstellung der technischen Funktionalität bewirkt, bleibt auf dem Kenntnisstand des Technikers, der die Bedeutung der Messwerte oder Anzeigen nicht kennen muss, eine Handlung, deren Kausalnexus für ihn nicht nachvollziehbar ist, aber auch nicht sein muss. Er handelt nach einer simplen Regel: «Wenn das und das auftaucht, musst du wechseln.» Er vertraut auf die Wirksamkeit dieser Regel, kann sie aber nicht erklären. Die Frage ist, welche hinreichenden Gründe er für dieses Vertrauen hat. Sobald diese Gründe sinnvoll bezweifelt werden können, ist der Techniker in dieser Situation technisch nicht mehr handlungsfähig.

Technisches Handeln ist erfolgreich, wenn die Bedingungen für die Durchführung einer Regel gegeben sind und die Regel effektiv ist, also das Gewünschte bei der Durchführung bewirkt

wird. Für die Effektivität der Regel und ihre erfolgreiche Durchführung ist aber, wie wir gesehen haben, die Kenntnis des kausalen Zusammenhangs nicht unbedingt erforderlich, sondern nur
die Kenntnis der Regel und ihrer Durchführungsbedingungen.
Das Handeln des Servicetechnikers ist also völlig rational, sofern er gute Gründe hat, der Effektivität der Regel zu vertrauen.
Diese guten Gründe können in einer naturwissenschaftlich ba-
sierten Technikausbildung liegen, sie können aber auch im Vertrauen auf die Autorität des Werkstattleiters, des Vorgesetzten
oder der Bedienungsanleitung liegen, und dieses Vertrauen
selbst kann man gegebenenfalls als guten Grund ansehen.

Die guten Gründe liegen also auch beim technischen Handeln,
zumindest auf der alltäglichen Ebene, in der jeweiligen Situiertheit. Der Erfolg technischen Handelns lässt den Laien staunen.
Was seine Bewunderung erregt, liegt in der kognitiven Diskre-
panz zwischen den Bedingungen des Funktionierens auf der
Ebene der regelgeleiteten Handlung (z. B. der Bedienungsanleitung) und der Ebene der Erklärung des zugrunde liegenden oder
benutzten kausalen Zusammenhangs (z. B. Physikkenntnisse).

Nun gibt es durchaus erfolgreiche technische Handlungen,
deren wissenschaftliche oder theoretische Begründung wir nicht
kennen. Dies ist nicht nur im Alltag so, sondern auch in hoch-
entwickelten Technikbereichen: Jedes heuristische Verfahren
verzichtet in gewisser Weise auf die rationale kausale Erklärung, da sich die Regeldurchführung oft genug als erfolgreich
erwiesen hat: Die Praxis hat hier validierende Potenz, auch
wenn sie noch keine Begründung eines naturgesetzlichen Zusammenhangs zu liefern vermag.

Was als erfolgreich gilt, hängt vom Bezugssystem des gewählten kategorialen Rahmens ab. Dieser ist in der westlichen Tradi-
tion eines naturwissenschaftlich orientierten Weltbildes entsprechend verankert – allerdings vielfach nicht explizit abrufbar.
Die gelegentliche Verlegenheit der Ingenieure, naturwissenschaftlich erklären zu können, was sie tun, zeigt, dass dies nicht
selbstverständlich ist.

Somit kann man durchaus sagen, dass viele Regeldurchfüh-
rungen in der alltäglichen Technik so etwas wie Ritualcharakter

haben: Die Handlungen sind vorgeschrieben, sie haben einen starken symbolischen Charakter, z. B., einen Knopf mit einer bestimmten Aufschrift zu drücken, dessen Bedeutung man nicht kennt. Der Grund der Wirkung ist nicht bekannt, und man ist trotzdem überzeugt, dass die Wirkung eintritt. Oftmals erweist sich die Technik als fehlerempfindlich, dass kleine Abweichungen von den Vorschriften zum Ausbleiben der Wirksamkeit führen. Es gibt somit durchaus Parallelen zur fragilen Wirksamkeit der magischen Praktiken, wobei man allerdings die unterschiedlichen kategorialen Bezugsrahmen berücksichtigen muss.[250]

Dieser Zusammenhang hat dazu geführt, in der alltäglichen Rede Technik und Magie zusammenzubringen: Je undurchschaubarer Technik erscheint, umso mehr wird sie mit Zauberei zusammengebracht, auch mit der Resignation, das alles sowieso niemals richtig verstehen zu können.

Hinzu kommt eine gewisse Situiertheit, in der Technik und sie betreibende Personen auftreten. Die blitzsauber funktionierenden Apparate, die zumindest in Präsentationen fast klinisch saubere Aufgeräumtheit von Laboren und Besprechungsräumen, die desodorierte Sprechweise vieler Konstrukteure und Ingenieure – dies alles entspricht dem fast hohepriesterlichen Habitus, zumindest aber einem schlecht kaschierten Geniekult.

Der weiße Labormantel galt früher als Ehrfurcht erheischende Berufskleidung, auch wenn der Ingenieur nicht in einem Labor mit entsprechenden Substanzen zu arbeiten hatte. Die Formel an der Tafel, vor der man sich photographieren lässt, die komplizierte Schalttafel im Hintergrund – dies signalisiert die Beherrschung komplexer Sachverhalte, Zusammenhänge und Gerätschaften. Diese Symbole funktionieren auch heute noch – man muss sich nur die Werbung in Fachzeitschriften anschauen.

Das Gefälle an Können und Kompetenz gegenüber dem Laien hat eine subtile Symbolik entwickelt, die man eigens analysieren müsste – der Hinweis darauf soll an dieser Stelle genügen.

Ein vielleicht provozierender Vergleich zwischen Charakteristiken der Magie und solchen unseres Umgangs mit dem Computer mag noch einmal verdeutlichen, dass eine leichte Änderung des Blickwinkels erstaunliche Assoziationen erzeugen kann.

Der Magier benutzt Beschwörungsformeln in einer dem Außenstehenden und auch ihm selbst vielleicht unverständlichen Sprache. Er weiß zum Teil nicht, was sie explizit bedeuten, aber er weiß, was ihre Äußerung bewirkt. Dabei achtet er auf die Wortfolge als einer Bedingung für die Wirkung. Dabei sind auch Intonation und die Pausen wichtig. Es gibt Geheimformeln für Eingeweihte, die an Dritte nicht verraten werden dürfen. Dämonen bestrafen die Verräter mit dem Verlust ihrer magischen Potenz oder gar physischen Existenz.

In der Magie glaubt man an das Gesetz der Berührung oder der funktionellen Assoziation. Zwei Wesen, Personen oder Gegenstände, die sich einmal berührt haben oder in einen funktionellen, mentalen Zusammenhang gebracht worden sind, bleiben potentiell in dieser Verbindung – sie werden sie immer wieder anstreben oder man wird sie in dieser funktionellen Assoziation früher oder später wieder auffinden oder antreffen.

Nun zum Computer. Der Programmierer zwingt dem Computer seinen Willen auf mittels der Programmiersprache und der Statements. Dabei weiß er nicht unbedingt, was der Computer im Einzelnen tut. Der Benutzer einer problemorientierten Sprache kennt die Maschinensprache nicht und muss noch nicht einmal das Betriebssystem kennen. Die Wortfolge und Abfolge der Statements ist entscheidend für den Erfolg. Auch der Benutzer benutzt Statements auf einer Bedienungsoberfläche, deren Wirkungen ihm klar, deren Bedeutungen aber unbekannt sind. Der geforderte Befehl muss genau so kommen, wie er vorgeschrieben ist, auch die Pause, das «blank», muss an der richtigen Stelle sein. Selbst bei der Spracheingabe muss man bei der einmal gewählten, vom Computer «gelernten» Intonation bleiben.

Gewisse Softwarefirmen halten den Quellcode ihrer Betriebssysteme geheim. Amerikanische Anwälte würden jeden «Verräter» wirtschaftlich vernichten.

Suchmaschinen sind eine nützliche Sache, doch sie sind in Wirklichkeit nicht umsonst zu haben. Man zahlt mit unfreiwilliger Information, die man erzeugt, wenn man sucht. Große Suchmaschinenanbieter bieten diese Informationen Werbefirmen und Trendforschungsinstituten an. Die Ersteren benutzen diese Informationen, um Interessensprofile zu erstellen und gezielt auf die Person werben zu können. Wer sich also einmal mit einem Thema via Suchmaschine im Internet in Berührung gebracht hat, wird diese Assoziation nicht mehr los – sie wird unweigerlich als Werbung eines Tages wieder auf ihn zukommen.

Über diese Analogien hinaus benutzen wir Computer für quasi magische Praktiken – sie sind dienstbare Geister, die wir rufen und über die wir uns, wenn sie wieder einmal abstürzen, ärgern, sodass wir sie zu beschimpfen beginnen. Wer kennt diese Eigenerfahrung nicht, kein rationaler Mensch ist davor gefeit. Wir benutzen sie als Spielekonsolen, als Trancemittel, als Musikmaschinen, wir überwinden in der Simulation Raum und Zeit und telefonieren mit ihnen weltweit. Selbst den Schadenszauber gibt es in Form von Viren und Würmern – die ja letztlich (formal-)sprachliche Gebilde sind. Der Abwehr- oder Gegenzauber findet sich dann in den Firewalls und Virenwächtern.

Dies mögen unzulässige Vergleiche und Assoziationen sein – fest steht jedoch, dass 99 % der Personen, die einen Computer nutzen, dies in schwacher Rationalität tun, weil sie nicht wissen, was sie tun, sondern nur, wie sie es tun müssen. Die kategorialen Unterschiede sind daher weniger diskriminierend.

8. Die Frage nach der Ethik

Die Ökonomisierung der Technik

Die neuerlich konstatierte und vielfach beklagte Ökonomisierung des Denkens hat nicht nur unser Alltagsdenken, sondern lange vorher auch die Technik selbst erreicht.

Der Technikphilosoph Günter Ropohl hat aufgezeigt, wie die Technik dem Kapital neue Verwertungsmöglichkeiten bietet.[251] Die beschleunigte Technikentwicklung ist auch als Ergebnis beschleunigter Kapitaldynamik zu sehen, denn Technik entwickelt sich nicht eigengesetzlich, sondern – nach Ropohl – entlang der Verwertungslinien des Kapitals. Kein vernünftiger Investor wird eine Erfindung oder eine Entdeckung, die beim Erfinder oder Entwickler zu einer Funktions- und darauf aufbauend zu einer Produktvermutung geführt hat, finanziell unterstützen, wenn er sich nicht einen Gewinn davon verspricht. Das bedeutet auch, dass die Funktionsvermutung zu einem gewissen Grad getestet sein muss.

Ein Gewinn ergibt sich ja nur dann, wenn der Erlös eines Produkts die Kosten für Maschinen, Organisation und Arbeitskräfte übersteigt. Die Verwendung des Gewinns geschieht im Idealfall überwiegend durch Investitionen, und zwar für Rationalisierung, Entwicklung neuer Technik oder Produkte, aber auch für die technisch getriggerte Substitution von Arbeitskraft, etwa wenn die zusätzlichen Maschinenkosten (z. B. Abschreibungen) niedriger sind als die eingesparten Arbeitslöhne. Die Folge ist unter anderem, dass seit den 1950er Jahren in der BRD eine siebenfache Steigerung der Arbeitsproduktivität festzustellen ist.

Wenn Produktionsmenge und Absatzerlös in der folgenden Periode gleich bleiben, erhöht sich der Gewinn, der wiederum in Maschinen und Vereinfachung von Produktionsabläufen investiert werden kann. Die Kosteneinsparung durch Technisierung wird als Preissenkung weitergegeben, solange die Rendite, also das Verhältnis von Gewinn zu eingesetztem Kapital, nicht kleiner ist als der Zinssatz auf den Finanzmärkten. Andernfalls wäre es klüger, sie dort zu investieren. Bei derzeit billigen Zinsen wächst der Druck der Technisierung und der Ruf nach «Innovationen» erschallt – diese Rhetorik ist allenthalben in den Industriestaaten und Schwellenländern zu hören.

Wächst das Kapital schneller, als es bei konstanter Produktion weiterverwertet werden kann, weicht es neben Rationalisierungsinvestitionen in Erweiterungsinvestitionen (d. h. Vergrößerung der Märkte oder Marktanteile) aus. Auch diese sind in der Regel durch Produktinnovationen, zuweilen auch durch Prozessinnovationen möglich.

Wenn das immer noch nicht reicht, geschieht das, was man als die konsumistische Wende bezeichnet hat: mit neuen Produkten (Innovationen) neue Märkte und mit entsprechendem Marketing neue Konsumenten hierfür zu erzeugen. Illustrieren

lässt sich das an der Tatsache, dass 10 % des geschätzten Privat-
vermögens in der BRD an technische Gebrauchsgüter gebunden
sind (ca. ½ Billion Euro). Der Verwertungsdruck ist enorm.[252]

Man mag zu Recht verwundert sein, dass ein Kapitel über
Ethik in der Philosophie der Technik mit der Ökonomisierung
der Technik beginnt. Der Zusammenhang wird aber deutlich,
wenn man bedenkt, welche Folgen die wachsende Produktivität
und der weltweit wachsende Konsum haben. Eine wie immer
verantwortbare Technikgestaltung hat mit der Problematik der
Abhängigkeit des – wie immer auch definierten – technologischen Fortschritts von global orientierten, kapitalstarken Wirt-
schaftspotenzialen zu tun.

Akzeptanz und Akzeptabilität

Unter Akzeptabilität versteht man das Ergebnis eines Urteils
hinsichtlich einer Handlung, deren Folgen, eines Sachverhalts,
einer Motivation, einer Absicht – mit anderen Worten allem,
was Gegenstand einer moralischen Beurteilung sein kann. Akzeptabel ist, was mit den eigenen Prinzipien, Wertvorstellungen,
deren Prioritäten und mit übernommenen Normen so weit kon-
form geht, dass ein möglicher Konflikt als vernachlässigbar erscheint. Akzeptanz hingegen ist ein empirisch feststellbares Verhalten von Personen oder Personengruppen, die eine Haltung,
eine Handlung etc. tatsächlich tolerieren, d. h. nichts dagegen
unternehmen, oder aktiv (z. B. durch Kauf) einwilligen.[253]

Man sieht daran sofort, dass Akzeptanz und Akzeptabilität
auseinanderfallen können: Vieles, was Bürgern als nicht akzeptabel erscheint, wird durch Untätigkeit, Kauf oder implizite Zustimmung (z. B. bei Wahlen) *de facto* akzeptiert. Umgekehrt haben gerade die Konfrontationen der jüngeren Protestbewegungen gezeigt, dass Entscheidungen, die demokratisch und von
der Rechtsprechung legitimiert und nach dem Legalitätsprinzip
zustande gekommen sind und von daher in einer Demokratie
akzeptabel sein müssten, *de facto* nicht akzeptiert werden.

Die ambivalente bis skeptische Haltung gegenüber einer Reihe
von Techniken (in der Vergangenheit z. B. Kernkraftnutzung,

Gentechnik, aktuell *geoengineering* wie CO_2-Verpressung) lässt sich weitgehend auf den wahrgenommenen Verlust an Kontrolle der eigenen Lebenswelt und der eigenen Lebenszeit zurückführen. Nichts tangiert das individuelle Wohlbefinden der Menschen so sehr wie das Gefühl der Fremdbestimmung, sei es am Arbeitsplatz, durch soziale Ungleichheit oder durch bestimmte Technikbereiche, die undurchschaubar sind. Zur Technik gehören, wie schon gesagt, die durch ihre Anwendung induzierten Organisationsformen und Strukturen, die ebenfalls als Zwang erlebt werden können. Die Umbenennung in «Sachzwang» und der Aufweis der Legitimität vermögen die skeptische Haltung in der Regel auch auf längere Sicht nicht zu verändern. Das Ergebnis ist ein Vertrauensverlust, der wesentlich schneller verläuft, als man Vertrauen wieder aufbauen kann.

Maßnahmen, die als «Akzeptanzbeschaffung», im Klartext: Überredung, oder als Verhaltenssteuerung gelten könnten und als solche in Verdacht geraten, haben von vorneherein verspielt. Es kommt also nicht so sehr darauf an, Akzeptanz für bestimmte Techniklinien zu fördern, sondern Kriterien zu finden, die eine nachvollziehbare Bewertung der Akzeptabilität ermöglichen. Das sind letztlich ethische und moralische Kriterien.

Wirkwelt und Merkwelt

Die Debatte um die Frage, ob das, was die Philosophie bis zur ersten Hälfte des 20. Jahrhunderts an ethischen Überlegungen entwickelt hatte, für die moderne Welt nach Hiroshima ausreicht, hat ihre Vorläufer. Die Wirkungsmächtigkeit von Technik, Forschung, Industrie und ökonomischen Verhältnissen wie auch neuen Organisationsformen war schon für Karl Marx ein Thema. Ein neuer Aspekt kam in den 1970er Jahren hinzu, nachdem die Literatur über Ethik anschwoll: Wir haben uns eine Welt geschaffen, in der wir wesentlich wirkungsmächtiger sind, als wir es tatsächlich merken, sprich beobachten oder wahrnehmen, geschweige denn kontrollieren können. Karl Otto Apel brachte das mit der Formel zum Ausdruck, dass Wirkwelt und Merkwelt auseinanderfallen.[254]

Man braucht nicht lange nach Beispielen zu suchen: Der Offizier, der im Kalten Krieg aufgrund von Computerdaten und Messsignalen einen Angriff zu erkennen glaubt und die ersten Kernwaffen einsetzt – er wirkt, ohne die ausgelösten Konsequenzen «zu merken». Auch der Broker, der nach Modellen arbeitet, die er nicht kennt, handelt mittels Computer in Sekundenschnelle mit Milliardenbeträgen, ohne die Folgen «merken», geschweige denn antizipieren zu können. D. h., unsere technologische Zivilisation ist zu komplex und zu wirkmächtig geworden, als dass wir sie überschauen oder steuern könnten.

Diese Hypothese hat sicher eine hohe Glaubwürdigkeit – zumindest auf den ersten Blick. Man kann dagegenhalten, dass große Teile der Zivilisation eben doch funktionieren, dass es erstaunlich wenig Havarien gibt, wenn man Mobilität, Ernährung, Energie und dergleichen unter die Lupe nimmt. Und weiter kann man auch ins Feld führen, dass wir offenkundig pro Jahr bis zu 2000 Tote im Autoverkehr als Unfallopfer ohne Aufschrei hinnehmen, bei einem Flugzeugabsturz mit 150 Toten oder einer Havarie des Kernkraftwerks mit einigen 100 Toten die Nachrichten hingegen voll sind von Forderungen nach einer beherrschbaren Technik. Unsere Risikowahrnehmung[255] scheint sich nicht nach dem wirklichen Schaden zu richten, sondern nach der Schadensdichte: Ein großer Schaden in kurzer Zeit wird weniger hingenommen als ein verteilter Schaden über lange Zeit. Auch das hat mit Wahrnehmung zu tun: Havariemeldungen erregen Aufsehen, der Normalbetrieb nicht.

Das Subjekt der Verantwortung

Gleichwohl hat man immer wieder diskutiert, wer für Katastrophen wie Seveso, Tschernobyl, Bopahl, Three Mile Island oder gar Fukushima oder Flops wie den Schnellen Brüter oder den Transrapid verantwortlich ist. Es ist die Frage nach dem Subjekt und der Reichweite der Verantwortung für technische Projekte, für Großanlagen, für die Organisation unserer Versorgung, für unsere Sicherheit. Zu unterscheiden ist zunächst die Verantwortung, die bei einer Entscheidung übernommen wird, von der

Verantwortung, die jemand aufgrund einer fahrlässigen Handhabung von technischen oder auch wirtschaftlichen Möglichkeiten trägt und wofür er im Schadensfall auch haftet.

Der Verantwortungsbegriff hat sich im Laufe der ethischen Debatte in den 1980er und 1990er Jahren ausdifferenziert. Man unterscheidet fünf Komponenten eines erweiterten Verantwortungsbegriffs, der auch für das technische Handeln relevant wird: Wer ist wofür gegenüber wem wie lange verantwortlich und wie ist diese Verantwortungssituation eingebettet, d. h., welche Sanktionsmöglichkeiten positiver oder negativer Art (Belohnung, Bestrafung, Haftung) gibt es konkret. Es wird also die Frage nach dem Subjekt, dem Objekt, der Instanz und dem zeitlichen Horizont einer Verantwortungssituation gestellt. Gerade die letzte Komponente, die der Sanktionen, zeigt, ob eine Verantwortungsethik auch materialiter gefasst werden kann.

Die angegebenen Komponenten konkret zu bestimmen, fällt in einer technisch-organisatorisch komplexen Welt nicht immer leicht. Beginnen wir mit der Frage nach dem Subjekt der Verantwortung. Die römische Vorstellung des Angeklagten, der sich vor Gericht verantwortet, also dem Richter antworten muss, ist auf das Individuum bezogen. Die klassische Ethik beurteilt das Handeln, die Motivation oder auch die Folgen von Handlungen einzelner Personen. Das Subjekt der Verantwortung ist das Individuum – nur eine Person kann auch schuldig werden. Es ist aber eine alltägliche Einsicht, dass wichtige wirtschaftliche, technikpolitische oder auch technische Entscheidungen von Gruppen von Individuen gefällt werden – Gremien, Vorständen, Ausschüssen, Parlamenten, Teams etc. Ebenso wenig wie das gegenwärtige Recht eine Gruppe von Individuen, eine Firma oder eine Behörde verurteilen kann, sondern nur Individuen, und seien sie auch Angehörige einer Gruppe, ebenso wenig kannte die Ethik die Kollektivverantwortung. Die Diskussion hierüber ist alles andere als abgeschlossen; für Hans Jonas war dies ethisches Neuland, das zu betreten wir durch die Komplexität von Technik und Gesellschaft gezwungen sind; die Verfechter einer Individualethik halten die klassischen Prämissen, Werte und Normen auch in einer komplexen Welt für ausreichend.[256]

Nachhaltigkeit und Irreversibilität

Wenn man den Kant'schen Kategorischen Imperativ[257] auf Probleme der Technik anwenden möchte, stößt man rasch auf ein Problem: Die Bestimmung dessen, was man als allgemeines Gesetz wollen kann, führt im konkreten Fall zu enormen Schwierigkeiten. Letztlich ist diese Bestimmung ohne konkrete Wertevorstellungen nicht zu leisten; denn neben dem, was man sich vorstellen kann, dass es alle tun dürften oder sollten, tritt das Problem, was man selbst für erstrebenswert hält und welche Werte in einer konkreten Situation handlungsleitend sein sollen.

Man sieht dies deutlich am Problem der Nachhaltigkeit, ein Begriff, der aus der frühen Forstwirtschaft[258] in die ökologische Debatte übernommen wurde. Es gibt ihn in einigen Spielarten[259] und mittlerweile ziert er fast jeden Geschäftsbericht, Firmenprospekt und jedes Programm der politischen Parteien. Bemühungen um Nachhaltigkeit haben zwangsläufig entweder eine Einschränkung oder eine intelligente Umsteuerung des Ressourcenverbrauchs hin zu erneuerbaren Rohstoffen zur Folge. Diese Einschränkungen und Umsteuerungen kosten zunächst Geld oder sind mit einer gewissen Reduktion von wirtschaftlichen Möglichkeiten verbunden. Heute werden Anstrengungen in Nachhaltigkeit als Investitionen aufgefasst: euphemistisch gesehen als Investition in die Zukunft künftiger Generationen, etwas mehr interessenorientiert als Investitionen in die Möglichkeit einer prosperierenden Technologie für Umwelt, Entsorgung und Recycling. Die Aufnahme des Leitwertes «Nachhaltigkeit» in den Wertekanon auch der Industrie geschah durch den Druck der öffentlichen wie der veröffentlichten Meinung – die Protagonisten erhofften und erhoffen sich damit auch die Lösung von Akzeptanzproblemen.

Die ursprüngliche Auseinandersetzung war jedoch von der Dichotomie zweier Wertevorstellungen geprägt: hier Wirtschaftlichkeit – dort Umweltbewusstsein und Forderung nach Nachhaltigkeit als einer notwendigen Bedingung für künftige Lebens- und Umweltqualität. Ökologie und Ökonomie gerieten schon früh in einen Gegensatz, der die Konfliktbeziehung zwischen dem Wert «Wirtschaftlichkeit» und dem Wert «Umwelt-qualität» markiert. Diese Debatte führte bis zur Privatisierung der Nachhaltigkeit – die Umweltbewegung kam auch in den individuellen Haushalten an und trägt mittlerweile, wie einige Kritiker feststellen, quasireligiöse Züge: Wer Müll trennt, sich umweltgerecht verhält und für die Lebenswelt künftiger Generationen einsetzt, ist gerechtfertigt. Der Topos der «Bewahrung der Schöpfung» tat sein Übriges dazu.[260]

Die von Max Weber (1864–1920) eingeführte Klassifizierung von Verantwortungsethik und Gesinnungsethik[261] ist in den Auseinandersetzungen immer noch bemerkbar, obwohl sich die zeitgenössische Ethik weiterentwickelt hat. Wofür sind wir verantwortlich, was kann oder soll Gegenstand einer moralischen Beurteilung sein: Die Handlung, deren Folgen oder die Motivation sowie die Gesinnung, die zu einer solchen Handlung geführt haben? Sofern die Entscheidung zu einer Handlung nach dem Verfahren des Kategorischen Imperativs verläuft, wird die Sache verzwickt, wenn es um technische, organisatorische oder wirtschaftliche Entscheidungen im großen Maßstab geht. Wie soll eine derartige Prüfung im Kollektiv durchgeführt werden? Wie kann man das bestimmen, wovon man wollen kann, dass es ein allgemeines Gesetz sein soll, wenn die eine Seite dem Umweltschutz, die andere Seite der Finanzierung den Vorrang der Verallgemeinerbarkeit zuerkennt? Beide Seiten werden ins Feld führen, für ihren jeweiligen Bereich verantwortlich handeln zu wollen, und haben ihre guten Gründe auf ihrer Seite.

Das Prinzip der Bedingungserhaltung verantwortlichen Handelns

Dilemmata sind Situationen, in denen man, gleich wie man entscheidet, schwerlich akzeptable Konsequenzen zu gewärtigen hat. Entweder man verletzt eine eigene Wertevorstellung, indem man ihr zuwiderhandelt, oder es sind empfindliche Folgen für die eigene wirtschaftliche oder bürgerliche Existenz zu erwarten. In der Technik wird meist das Problem der sogenannten Whistle-Blower diskutiert: Ein Ingenieur ist verantwortlich für die Entsorgung von Chemikalien und wird von seiner Firma vor die Wahl gestellt, eine giftige Chemikalie illegal in den Fluss zu entsorgen oder seinen Job zu verlieren. Als Familienvater mit vier Kindern bedeutet dies das Aus für seine berufliche und wirtschaftliche Existenz. Es gibt viele Beispiele, bei denen Ingenieure die Wahrheit über mangelnde Sicherheit, Zuverlässigkeit, über drohende oder tatsächliche Gefahren intern vorgetragen oder auch an die Öffentlichkeit gegeben haben. Im ersten Fall machen sie sich zumindest unbeliebt und gefährden ihre Karriere, im zweiten Fall verletzen sie das Loyalitätsgebot und müssen mit arbeitsrechtlichen Konsequenzen rechnen, selbst wenn sie recht haben sollten. Andererseits gebietet ihnen ihre moralische Überzeugung, so zu handeln, wie sie es tun. Der junge Ingenieur Robert Boisjoly trug der NASA vor dem Start der Challenger seine Bedenken wegen der Dichtungsringe vor, die dann zur bekannten Katastrophe führten. Robert Boisjoly wurde in seiner Firma isoliert und resignierte schließlich, indem er selbst kündigte. Andere Fälle sind bekannt, bei denen geschasste Ingenieure nie wieder einen Job auf dem inländischen Arbeitsmarkt bekamen.[262] Solche Dilemmata sind unvermeidlich, solange die Wertepriorität bei der Beurteilung einer Technik zugunsten der Betreiber oder von den Interessenten an einer Technik als Firmengrundsatz festgelegt wird: Ökonomie geht vor Ökologie, Wirtschaftlichkeit vor Sicherheit, Wohlfahrt geht vor Persönlichkeitsentfaltung oder Lebensqualität.

In der Regel ist es nicht einfache Technik, die solche Dilemmata erzeugt, sondern es sind große technische Systeme, kapitalintensive Forschung und Entwicklung sowie weitreichende Technik, d. h. solche mit einem langen zeitlichen Wirkungshorizont und globaler Ausdehnung, sowohl, was die beabsichtigte Funktionalität als auch, was die möglichen Folgen anbelangt. In einem solchen Dilemma treten universalmoralische Ansprüche des Individuums an sich selbst in Konflikt mit normativen Ansprüchen der jeweiligen Rolle (Firmenmitglieder, Beamte etc.). Zudem gibt es Konflikte, bei denen selbst eine klare Wertepriorisierung nicht vor den unangenehmen Konsequenzen sowohl der einen wie der anderen Entscheidungsvariante schützt.

Man sieht an der philosophisch-ethischen Debatte schnell, dass man hier mit dem Kant'schen Imperativ nicht weiterkommt. Bei einem wirklichen Dilemma ist generell keine ethisch befriedigende Auflösung möglich. Man muss einen Schritt vorher ansetzen und sich angesichts der Wirkungsmächtigkeit von Technik überlegen, wie sich solche Dilemmata vermeiden lassen. Eine für die Gestaltung von Technik im weiten Sinne (also einschließlich Entwicklung, Herstellung, Gebrauch, Organisation bis hin zur Entsorgung) wichtige Überlegung ist, die Handlungs- und Wahlfreiheit desjenigen, der von einer Technik betroffen ist, nicht einzuschränken, sondern, wenn schon nicht zu erweitern, so doch wenigstens zu erhalten. Deshalb ließe sich der technik-ethische Imperativ so formulieren: Handle so, dass die Bedingungen zur Möglichkeit verantwortlichen Handelns für alle Betroffenen erhalten bleiben (Prinzip der Bedingungserhaltung).[263] Nimmt man dieses Prinzip ernst, lässt es sich als Aufforderung an die Technikgestaltung verstehen, mögliche Dilemmata im Voraus zu bedenken und durch kluge Gestaltung zu vermeiden. Anwendungen dieses Gedankens liegen bei großen Informations- und Kommunikationsunternehmen wie Google, Facebook oder Microsoft nahe. Aber auch innerhalb der Gentechnologie, der Biotechnologie, der Rüstungsindustrie, der Energieversorgung und der Medizin lassen sich viele Beispiele für moralische Konflikte finden, die man bei Bedenken dieses Prinzips im Voraus vermeiden könnte.

9. Chancen, Risiken und Ungewissheiten des 21. Jahrhunderts

Von der Unmöglichkeit von Prognosen

Die Zeit nach dem Zweiten Weltkrieg war angefüllt mit Zukunftsvisionen und -prognosen. Entwürfe oder Vorhersagen für das Jahr 2000 zeichneten in den 1960er Jahren ein Bild unseres künftigen Lebens, das vom technologischen Fortschritt im klassischen Sinn bestimmt war. Die Utopien sahen fast unbegrenzte Möglichkeiten voraus, die sich aus der Extrapolation der in den 1960er Jahren bekannten Möglichkeiten speisten. Herman Kahn sagte teilweise erstaunlich genau etwa unsere Möglichkeiten voraus, von zu Hause aus an große Bibliotheksbestände zu gelangen.[264] Voraussagen dieser Art bezeichnete er als überraschungsfreie Entwürfe.

Hingegen wurden überraschende Entwicklungen im politischen, militärischen oder kulturellen Bereich, die ja auch Randbedingungen für die Entwicklung von Technik darstellen, selten oder nie richtig vorausgesagt. Heute ist man etwas vorsichtiger. Gerade die erweiterten Möglichkeiten, politische, wirtschaftliche oder militärische Situationen zu simulieren, haben uns über die unglaubliche Komplexität der Zusammenhänge belehrt und dazu gebracht, auf pseudopräzise Prognosen zu verzichten. Man spricht eher von Szenarien, also Entwürfen von Vorstellungen, die sich auch gegenseitig widersprechen können, und diskutiert dann solche alternativen Szenarien im Hinblick auf mögliche Folgen und Konsequenzen. Realistische Prognosen sind auch deshalb so gut wie unmöglich, weil der prognostizierte Prozess sich als empfindlich gegenüber der Kommunikation und öffentlichen Debatte erweist: Die Kommunikation der Prognose beeinflusst das zu Prognostizierende.[265] Das gilt auch für die Technik: Eine Vorhersage, welche Bereiche technischer Entwicklungen mögliche zukünftige Schlüsseltechnologien sein könnten, kann im Vorfeld bereits Investitionsanstrengungen auslösen und so den einen oder anderen Bereich – wie vorhergesagt – fördern.

Ein Ausblick in das 21. Jahrhundert kann deshalb keine Prognose sein, sondern eher das, was Techniker und Entwickler unter einer Roadmap verstehen – eine Analyse des jetzigen Geschehens, eine Fortschreibung der sich daraus ergebenden Möglichkeiten und eine Willensbildung, ein als möglich erkanntes Ziel auch zu erreichen. Wenn also von Wissensgesellschaft gesprochen wird oder von einer postindustriellen Wirtschaft, dann sind das eher Willensbekundungen als Vorhersagen.

Technikgetriebene Hoffnungen und Befürchtungen

Viele unserer Ausblicke und Prognoseversuche sind nicht nur, aber doch auch technikgetrieben – oder genauer: getrieben von dem, was wir von Technik glauben und was wir für möglich halten.

Den vier klassischen Beleidigungen (vgl. Kap. 3) gesellen sich sechs kleine Beleidigungen hinzu, die eher alltäglich erfahren werden, die aber unser Selbstverständnis ebenso beeinträchtigen wie die großen Theorien der Kosmologie, der Evolution, der Psychologie und des maschinalen Könnens.

1. Dass unsere kognitiven und körperlichen Leistungen extrem von der Physiologie abhängig sind (der «materiellen Basis» des Menschen), erfahren wir in der Praxis unseres Hausarztes oder in der Klinik. Das Vertrauen in die Schulmedizin und Pharmazie, die beide ja höchst elaborierte Techniken darstellen, steigt zwar zunächst proportional zur Schwere der Krankheit, um dann nach ausbleibender Heilung zugunsten alternativer Medizin abzuflachen. Wir akzeptieren die medizinische Technik und ihren naturwissenschaftlichen Hintergrund, hoffen aber doch noch auf verborgenes Wissen, das uns erleichtern, wenn nicht gar von der Krankheit erlösen soll.

2. Dass grundlegende Fragen wie nach dem Selbstbewusstsein noch nicht beantwortet sind, lasten wir niemandem an – vielleicht wollen wir es gar nicht so genau wissen. Die Debatte um die Willensfreiheit, die nicht nur akademisch, sondern noch heftiger in den Feuilletons geführt wird, wird auch zur Auseinandersetzung zwischen Hirnforschung und Rechtsverständnis sowie zwischen reduktiv-szientistischem Menschenbild und religiösen Überzeugungen, zwischen dem, was das Forschungsprogramm der Künstlichen Intelligenz uns als Maschinenleistung präsentiert, und dem Lebensgefühl.

3. Dass die sittliche Konventionalität fragil ist, haben uns nach 1989 die Bürgerkriege auf dem Balkan gezeigt. Bisher friedlich miteinander lebende Nachbarn schießen aufeinander aus

Gründen, die wir nicht nachvollziehen können und in einer Geschichte liegen, die weit jenseits dessen liegt, was im Horizont des 20. Jahrhunderts noch verstehbar ist. Wir wissen auch aus den Milgram-Experimenten, wie dünn die bürgerliche Schicht der Moralität ist, wenn sie mit einer Mischung aus wissenschaftlicher Autorität und einer Technik konfrontiert wird, die die Wahrnehmung der Folgen der eigenen Handlung nur noch abstrakt oder stark entsinnlicht zulässt.[266]

4. Dass vor der Moral immer noch das Fressen kommt, ist ein unschöner Satz von Bert Brecht,[267] der den Bürger erschrecken sollte, ihn aber beleidigte, weil er die bürgerliche Wohlanständigkeit angriff. In einer technischen Zivilisation, in der alle Grundbedürfnisse gedeckt sind, kann man sich auch Moral leisten – aber die ist wenig wert. Der Wert von Moral zeigt sich erst dann, wenn es wenig gibt und die Verteilungskämpfe sich verschärfen. Die Moral in einer Zivilisation setzt deren technisch-organisatorisches Funktionieren voraus.

5. Dass Macht ein Humanum und nur durch vernünftige Strukturen zu bändigen ist, ist seit Machiavelli jedem Schüler klar. Schon die Griechen hatten mit der Erfindung der Demokratie die Macht durch zeitliche Befristung und Legitimationsvoraussetzungen einzuhegen versucht, was aber später die Tyrannei nicht verhindert hat. Nach der Aufklärung musste man Demokratie neu lernen – der Lernprozess ist weltweit lange noch nicht abgeschlossen. Aber erst die Wirkungsmächtigkeit von Technik hat uns belehrt, dass Technik und die Verfügbarkeit einer Technik enorme Helfer bei der Herrschaft als Praxis der Macht sein können. Technik kann Tyrannei und organisatorische Fehler ins Gigantische verstärken, aber nicht prinzipiell verhindern. Diese Asymmetrie verlangt, dass wir zuerst genau wissen müssen, was wir wollen dürfen, bevor wir Technik dafür einsetzen.

6. Dass die Vernunft so ohnmächtig ist und dass unsere Grenzen des Handelns nicht mit den Grenzen unseres Wissens übereinstimmen, erfahren wir nicht nur in der Debatte um Kernkraftausstieg, Fukushima und Klimaschutzziele. Es ist eine alltägliche Erfahrung, dass Einsicht und Handeln nicht

immer zusammenpassen – wer sich das Rauchen abgewöhnen will, kennt das nur zu gut. Es war erst seit Immanuel Kant ein Thema der Philosophie, dass Einsicht noch lange kein Handeln gemäß dem Eingesehenen bedeutet. Interessen und Belohnungserwartungen, Emotionen und Affekte sind stärker als aus Prinzipien gewonnene Einsichten. Dieses Problem kann auch Technik nicht lösen. Sie selbst, d. h. ihre Gestaltung und ihr Gebrauch, ist ebenfalls Interessen, Belohnungserwartungen, Emotionen und Affekten unterworfen.

Alle diese kleinen Beleidigungen laufen auf die Befürchtung hinaus, dass die moderne Technik und Wissenschaft vor dem Menschen nicht haltmachen, dass Technik und Wissenschaft die Probleme, die sie erzeugt haben, nicht lösen können. Trotzdem hofft man auf eine bessere Technik, weil ein Rückfall in eine Zivilisation ohne Technik ein Rückfall in die Barbarei wäre.

Deshalb wird uns die Technik nicht die Aufgabe abnehmen, einen Weg zu finden, wie man besser von der Einsicht zum Handeln kommen kann. Das bleibt wohl noch lange Zeit ein Arbeitsauftrag an die Philosophie.

Der Gestaltungsauftrag des 21. Jahrhunderts an die Technikwissenschaften

Soweit dies absehbar ist, werden die drängenden Themen in diesem Jahrhundert mit der Energie in Zusammenhang mit den globalen Veränderungen wie Klima und Verschmutzung (Wasser) zu tun haben, mit Rohstoffverbrauch und Hunger, mit einer ökonomisch gerechten Verteilung von Chancen sowie mit den demographischen Veränderungen durch die Überalterung in den Industriestaaten und die Überjüngung in den Entwicklungs- und Schwellenländern. Es wird ferner um weltweites Bevölkerungswachstum, um die Rolle der Arbeit bzw. das Subsistenzproblem, aber auch um weltweite Sicherheit und Gesundheit gehen. In allen diesen Bereichen spielt Technik eine entscheidende Rolle: Ihre Entwicklung und ihr Gebrauch haben mit zur Entstehung dieser Problemfelder beigetragen, und so wird verbesserte Technik zur Lösung der durch Technik entstandenen Unsäglichkeiten beitragen müssen. Etwas anderes bleibt uns nicht übrig.

Wir sollten Technik nicht als einen autonomen Prozess verstehen, der bedrohlich oder verheißungsvoll – je nach Auffassung der Beteiligten – über uns kommt und den wir nicht gestalten oder verhindern könnten. Vielmehr können wir in solchen Krisen die Hoffnung entwickeln, dass Wissenschaften wie die Ökologie, die das Stadium der sentimentalen Naturbetrachtung schon lange verlassen hat, und Techniklinien wie die Informations- und Kommunikationstechnik, die uns unglaublich rasch über den Zustand der Welt Bescheid wissen lässt, Beiträge zur Gestaltung leisten können. Das bedeutet auch die Hoffnung, dass Wissenschaft und Technik uns vielleicht besser durchschauen lehren, was wir tun. Wir wissen, dass die Gestaltung von Technik eng mit der Gestaltung von Organisation verbunden ist. Dies bedingt Gestaltung von Produktion – Marx hätte von Produktionsformen und Produktivkräften gesprochen. Dies wiederum hat seinen Anteil an der Gestaltung von Gesellschaft.

Doch wenn Technik die Gesellschaft formt und die Gesellschaft die Gestaltung der Technik beeinflusst, d. h., wenn es sich nicht um autonome, sondern um gestaltbare Prozesse handelt, dann sind wir alle, die wir gestalten, auch verantwortlich. Denn wenn wir gestalten können, dann müssen wir die Frage beantworten: Was wollen wir gestalten und was ist für uns und die kommenden Generationen ein Fortschritt?

Die beschleunigte Dynamik und die Frage nach dem wahren Fortschritt

Schon Immanuel Kant postulierte «die Tendenz zum continuierlichen Fortschritt des Menschengeschlechts ... (als) ... eine moralisch-praktische Vernunftidee».[268] Die Aufklärung glaubte an eine sich von selbst einstellende moralische Entwicklung von Mensch und Gesellschaft – die Idee des Fortschritts verdichtete sich bei Georg Wilhelm Friedrich Hegel bis hin zum Prinzip des Weltgeschehens überhaupt. Ein gelehriger Schüler der Hegel'schen Philosophie, Mao Tse-tung, schrieb dann folgerichtig: «Die Welt schreitet fort, die Zukunft ist glänzend, niemand kann diese Tatsache der Geschichte ändern.»[269]

Historiker vermuten das Aufkommen des Fortschrittsbegriffs in den Kooperationsformen der Handwerker des ausgehenden Mittelalters. Unabhängig voneinander und im Gegensatz zur scholastischen Gelehrsamkeit berichten diese Handwerker von ihren Erfahrungen, die sie mit dem Material und mit der Natur gemacht haben. Interessanterweise wird dieses Wissen erst im Laufe des 16. Jahrhunderts von den Universitäten zur Kenntnis genommen und aufgegriffen. Daraus geht dann hervor, was wir heute unter dem Berufsbild sowohl des Ingenieurs als auch des Künstlers verstehen.

Was aber nun, wenn das, was als Fortschritt im 19. Jahrhundert angesehen wurde, im 20. Jahrhundert als Rückschritt oder Nicht-Fortschritt interpretiert wird? Es gibt keine Sicherheit mehr, dass der Fortschritt wirklich ein Fortschritt ist. Ortega y Gasset schreibt schon in den 1930er Jahren:

> Gerade diese Sicherheiten sind es, welche die europäische Kultur gefährden. Der Fortschrittsglaube hat in dem Wahn, man habe eine geschichtliche Höhe erreicht, die keinen wesentlichen Rückschritt mehr zuließe, sondern nur noch mechanisch ins Unendliche fortschreite, die Pflöcke der menschlichen Vorsicht gelockert und einem neuen Einbruch der Barbarei in die Welt Raum gegeben.[270]

Die Antwort ist vielleicht banaler als gedacht: Es ist die Erfahrung, dass der Fortschritt gerade durch das gefährdet ist, was ihn ausmacht – seinen ungeheuren Erfolg. Dies hat zwei Gründe: Zum einen implizierte der naive Fortschrittsbegriff, sofern man ihn noch von der Aufklärung übernommen hatte, dass eine freie Entwicklung des menschlichen Intellekts, eine zweifellos vorhandene Steigerung des naturwissenschaftlichen Wissens und der technischen Fähigkeiten des Menschen schon von sich aus zu einem Fortschritt in der Humanisierung der Gesellschaft führen müsse.[271] Spätestens seit Auschwitz und Hiroshima wissen wir, dass dies nicht der Fall ist. Zum anderen ist die Fortschrittsidee durch exzessiven Gebrauch moralisch verschlissen worden[272] und hinterließ, gerade durch ihren weltlichen Erfolg, als unbrauchbar gewordener Ersatz für religiöse Heilserwartungen ein Vakuum, in das Nationalismus, Regionalismus und Fundamentalismus als jeweils unduldsame Geschichtsinterpretation hineindrängen.

Ein Drittes mag hinzukommen. Um weiterhin einfache Fortschritte erzielen zu können, benötigen wir mittlerweile das Doppelte an Anstrengungen. Damit sind auf lange Sicht die Versprechungen des Fortschritts im Vergleich zum tatsächlich Machbaren auseinandergefallen. Das Ergebnis ist Enttäuschung.

Der amerikanische Philosoph Nicholas Rescher, dem die Logik und Wissenschaftstheorie viele präzise Einsichten verdankt, hat 1982 den Fortschrittsgedanken unter dieser ökonomischen Sichtweise analysiert.[273] Dabei kommt er zum Ergebnis, dass sich zum Beispiel wissenschaftlicher Fortschritt messen lässt an der Zahl der sogenannten Durchbrüche, also revolutionierender Theorien und überraschender Entdeckungen. Um wirklich etwas Neues zu finden, wird gerade wegen des Fortschritts in der Wissenschaft der dafür erforderliche Aufwand immer größer – sowohl in technischer wie personeller Hinsicht. Mit anderen Worten, eine Entdeckung vom Range der Relativitätstheorie wird immer seltener und immer teurer. Nimmt man das Bild der logistischen Kurve, dann folgt daraus, da man den Aufwand nicht beliebig erhöhen kann, dass der Quotient aus Ertrag der Forschung und dem notwendigen Aufwand kleiner wird – der Fortschritt der Wissenschaft verlangsamt sich.

Anhand der Elementarteilchenphysik kann man sich dies klarmachen. Um in die Energiebereiche vorzustoßen, die für die theoretischen Physiker wirklich interessant sind, weil sie dort die Vereinheitlichung der Grundkräfte studieren könnten, die der einer kurzen Zeitspanne nach dem Urknall ähnlich ist, sind immer höhere Stoßenergien bei den Experimenten erforderlich. Man spricht theoretisch von Beschleunigern, die einen Ringdurchmesser von einigen Lichtjahren haben müssten – von den erforderlichen Betriebskosten, Energien und anderen physikalischen Machbarkeitsgrenzen ganz zu schweigen. Ebenso kann man sich klarmachen, dass bei der Gentechnologie die explodierende Fülle genetischer Möglichkeiten dazu führt, dass nicht mehr alle Pfade des Möglichen und Machbaren verfolgt werden können. Die Treffer bei der Suche werden seltener – so, wie wenn man im Wald, auf der Suche nach Pilzen, aus Zeitgründen nur noch bestimmte Wege abgehen kann.

Die Verlangsamung des wissenschaftlichen Fortschritts hat eine Verlangsamung des technischen Fortschritts zur Folge. Der Grund hierfür ist nach Nicholas Rescher sehr einfach: Empirische Wissenschaft ist auf Technik im Labor angewiesen. Wird jedoch die Technik, die erforderlich wäre, immer teurer, weil aufwendiger, sinkt die Nachfrage nach ihr und damit auch ihre weitere Entwicklungsmöglichkeit. Umgekehrt kann sich die Wissenschaft aber nur so weit entwickeln, als ihr auch technische Möglichkeiten zur Verfügung stehen. Geht man in Erweiterung der Rescher'schen Thesen davon aus, dass seit dem 17. Jahrhundert vorhergehende wissenschaftliche Erkenntnisse überwiegend zur Grundlage für die nachfolgende technische Entwicklung beitragen, so folgt aus der Verlangsamung des Fortschritts in der Wissenschaft auch eine Verlangsamung der technischen Entwicklung.

Es gibt allerdings einen Ausweg aus diesem Dilemma, der von Rescher nicht diskutiert wird und hier kurz vorgestellt werden soll: Es gibt so etwas wie eine progressive Themen- und Problemverschiebung. Jeder Kaufmann wird ein Marktsegment verlassen, wenn der Durchsetzungsaufwand für sein Produkt unverhältnismäßig ansteigt, oder er diversifiziert – d. h., er bietet andere Produkte an. Genauso verlässt der Politiker ohne sonderlichen Abschiedsschmerz sein Lieblingsthema, wenn er keine Wahlen mehr damit gewinnen kann. Mit anderen Worten: Wissenschaft und Technik differenzieren sich in verschiedene Felder aus, von denen einige auslaufen und sich andere neu entwickeln, bis auch sie ihren Sättigungsgrad oder den nicht mehr akzeptierbaren schlechten Wirkungsgrad erreicht haben. Dann spricht man auch davon, dass in gewisser Weise ein Feld abgeschlossen sei. Innerhalb eines Feldes haben wir jeweils Entwicklungen, die historisch nach logistischen Kurven verlaufen. Die Frage ist, ob dies für die Entwicklung des wissenschaftlichen und technischen Fortschritts insgesamt gilt.

Technisch gesprochen überblicken wir nur Sparten oder Sektoren. Trotzdem würden wir gerne wissen, ob das, was wir Fortschritt nennen, unbegrenzt ist oder nicht.

Langzeitprobleme

Die Fortschrittskritik entzündete sich an technischen Hervorbringungen. Sie war meist (vgl. Kap. 5) kulturpessimistisch geprägt und sah Technik als einen Beschleuniger des kulturellen wie moralischen Zerfalls von Gesellschaften an. Dass es innerhalb der Technik selbst möglicherweise keinen Fortschritt gibt oder er in die falsche Richtung läuft, mit anderen Worten, dass eine technische Hervorbringung keinen Fortschritt, sondern auch eine Bedrohung darstellen kann, wurde zumindest in den Industrieländern ab den 1960er Jahren anhand der Kernenergie und der biotechnischen Möglichkeiten immer heftiger diskutiert. Andere Technikbereiche gerieten im Laufe der Zeit in die Kritik, wie chemische Technologien, Pharmazie, Apparatemedizin, Mobilfunk, Fossile Energie, Mobilität und als aktuelles Beispiel *geoengineering*. Bei den Protesten gegen solche Techniklinien lässt sich neben vielen Varianten ein Muster herausfiltern: Es geht um das Wohl der künftigen Generationen und die möglichen Gefahren, die solche Technologien über unsere Lebenszeit hinaus langfristig mit sich bringen können.

Das augenfälligste Langzeitproblem ist die immer noch nicht gelöste Entsorgung nuklearen Abfalls. Es besteht im Prinzip, seit der erste Kernreaktor am 2. Dezember 1942 um 15:25 Uhr an der Chicagoer Universität auf einem stillgelegten Squash-Platz kritisch wurde. Doch selbst dann, wenn wir heute alle Kernreaktoren dieser Welt abschalten würden, wäre das Problem immer noch da, es würde sich nur nicht mit täglich mehreren Tonnen weiteren Abfalls verschärfen. Und selbst dann, wenn wir eine sichere Lagerstätte gefunden hätten, wäre es geboten, die zukünftigen Generationen davor zu warnen, solche Stätten zu verändern oder gar aufzugraben. Ein solches Warnsystem, das über mehrere tausend Jahre funktionieren müsste, ist Gegenstand teils skurriler, teils ernsthafter Überlegungen gewesen.[274] Das Ergebnis dieser Überlegungen läuft darauf hinaus, dass es ein solches System nach heutigem Ermessen kaum geben wird, weil Informationsträger zerfallen und weil Kopien von Kopien von Kopien ..., die man deshalb machen müsste, prinzipiell fehlerhaft sind. Ferner verändern sich Sprache und ihre Bedeutung im Laufe von Jahrtausenden völlig, und wir wissen nicht, ob wir 20 000 Jahre später noch mit unserer heutigen Physik verstanden werden. Das bedeutet, dass wir den Abfall so sicher entsorgen müssten, dass man sich nicht mehr darum zu kümmern bräuchte *(dig it and forget it)* – eine Lösung ist nicht in Sicht.[275]

Andere Langzeitprobleme bestehen im Weltraumschrott, der in instabilen Bahnen über kurz oder lang wieder auf die Erde fällt, oder die überall in der Welt ausgebrachten Landminen, deren Anzahl so groß ist, dass ihre Räumung bei der derzeitigen Entsorgungsgeschwindigkeit 4000 Jahre benötigen würde. Unabhängig von der Einschätzung möglicher Gefahren, die eine irreversible Freisetzung gentechnisch veränderter oder künstlich designter Organismen mit sich bringen könnte, würde man sich für zukünftige Generationen wünschen, dass zumindest die Information über die veränderte DNS-Struktur verfügbar ist. Auch dies würde eine intergenerationelle Weitergabe von Information erfordern. Weitere Probleme ließen sich mit den Stichwörtern Giftmülldeponien, Computerschrott, Entsorgung von gealterten Solarzellen und Windanlagen, Hochleistungsbatterien oder Brennstoffzellen benennen.[276]

Es gibt nicht zu jedem Problem eine technische Lösung, aber zu jeder technischen Lösung gibt es ein Problem

Dieser Satz soll nicht technikfeindlich verstanden werden. So, wie Naturwissenschaft keine persönlichen Probleme lösen kann und Wissenschaft, auch die Technikwissenschaft nicht, keine Sinn- oder Warum-Fragen beantworten kann, so löst auch eine technische Lösung nur Probleme, die technisch zu lösen sind. Die Qualität der Bildübertragung bei einem Fernsehgerät hat nichts mit der Qualität des Programmangebots zu tun, das zu sehen ist, und ein 300-PS-Motor kann in einem Verkehrsstau seine Stärken schlecht entfalten. Die Vielfalt unserer Kommunikationsmöglichkeiten hat die Vereinsamung und innere Leere vieler Menschen nicht beheben können. «Schneller, höher, besser, genauer, kostengünstiger, funktionsreicher» löst vielleicht das Problem einer billigeren Produktion, aber nicht, ob die Produkte sinnvoll sind und von den Menschen angenommen werden.

Jede technische Lösung kann durch die Invertierung der Zweck-Mittel-Beziehung (vgl. Kap. 9) einen Rebound-Effekt erzeugen: Die Verbesserung eines technischen Systems führt nicht nur zur Einsparung, sondern zur Expansion des Gebrauchs. Wenn wir schneller fahren können, fahren wir weiter entfernte Ziele in der gleichen Zeit an, anstatt Zeit mit den alten Zielen einzusparen.

Nicht intendierte Nebenwirkungen von Technologien sind oftmals auch Nebenwirkungen der von ihnen induzierten organisatorischen Änderungen. Das ist im Prinzip unvermeidlich und sollte bei der Gestaltung der organisatorischen Hülle einer Technik mitbedacht werden. Der Schnelle Brüter als Kernreaktor, der eine Plutonium-Kreislaufwirtschaft erforderlich gemacht hätte, wäre vermutlich ohne ein gigantisches Sicherheitssystem nicht ausgekommen.[277] Dies hätte, so die Befürchtung nicht nur von Kernkraftgegnern, dem demokratischen Gemeinwesen erheblichen Schaden zugefügt.

Die Probleme können auch kleiner sein und werden dann eher als lästig empfunden. Wer sich ein neues Gerät anschafft, will es in Betrieb nehmen und versucht dies – sportlicherweise – erst einmal ohne Betriebsanleitung. Scheitert man, beginnt man doch zu lesen und stellt fest, neben dem schon legendären Ärger über schlechte und unverständliche Bedienungsanleitungen, dass man für den Vorteil des neuen Geräts erhebliche Lernprozesse in Kauf nehmen muss. Manche lassen das Gerät dann auch halb ausgepackt und ungenutzt liegen. Schlimmer ist es, wenn man das Gerät nutzen muss wie z. B. den Fahrkartenautomaten mit seiner trotz zahlreicher Proteste immer noch benutzerunfreundlichen Bedienoberfläche. Man kann mit Recht die Autoren von schlechten Bedienungsanleitungen und die Gestalter solcher Oberflächen kritisieren, interessanter ist aber eher, warum so etwas immer wieder vorkommt. Wie wäre es, wenn die so Kritisierten sich mit den Benutzern auseinandersetzen würden? Wie wäre es, wenn sie etwas mehr Kenntnisse über Menschen, Alltagsverständnis und Psychologie erwerben würden?

Stellen wir – diesen Mikrokosmos verlassend – die Frage, die im Alltag der technologischen Entwicklungsarbeit zunehmend eine Rolle spielt, nämlich die nach dem Verhältnis von technischer, sozialer und globaler Rationalität. Offenkundig können wir sehr komplizierte technische Prozesse beherrschen, wir sind aber vergleichsweise unfähig, soziale und globale Prozesse zu verstehen und der gewonnenen Einsicht nach zu bewältigen. Jeder weiß um die Umweltproblematik und kann sie lokal einsehen, auch die Notwendigkeit globalen Handelns ist offenkundig – aber wir sind effektiv nicht in der Lage dazu; Rio, Kyoto und all die Zeiten danach haben uns das gezeigt.

Philosophie der Technik?

Philosophie muss bei ihrem Weiterfragen auch Antworten suchen und sie rational, d. h. vernünftig begründen. So wäre es eine wichtige Aufgabe für eine Philosophie der Technik an Schule und Hochschule, den zukünftigen Ingenieuren und Technikern zeigen zu können, wie Grundlagenforschung, angewandte Forschung und Praxis zusammenhängen, welche Rolle die Arbeit, die Praxis, die gestaltete Technik, die Muße und die Kunst bei der Konstitution unseres Selbstverständnisses spielen. Sie muss darauf hinweisen, wie Verantwortung wahrgenommen und organisiert werden kann, Argumentationshilfen entwickeln, wie man vermeiden kann, dass Technikfeindlichkeit und Technikeuphorie in Ideologie umschlagen, und sie muss dazu beitragen, verständlich zu machen, wo die geschichtlichen Wurzeln unseres heutigen Verständnisses von Wissenschaft, Technik und Arbeit liegen.

Mögliche Themen der Philosophie in der ersten Hälfte des

21. Jahrhunderts werden von dem Versuch bestimmt werden, das Verhältnis von Verantwortung, individueller Einsicht und globalem Handeln nochmals neu zu fassen. Ein erneutes Durchdenken von Arbeit und Technik vor dem Hintergrund ihrer Informatisierung und Biologisierung unter der Randbedingung der Globalisierung wird ebenfalls zu erwarten sein. Wichtiges Thema dürfte eine Philosophie des Teilens und der globalen Gerechtigkeit angesichts des Bevölkerungswachstums und des Arm-Reich-Konflikts werden.

Wer von Fortschritt redet, redet immer schon von Geschichte. Der zeitliche Horizont des Begriffs ist unhintergehbar, ebenso wie sein latent utopischer Charakter. Auch schwingt die Sorge mit, die Besorgnis um das, was auf uns zukommt. Diese Sorge ist mit Hoffnung allemal erträglicher, das eigene Dasein ist damit leichter zu entwerfen als ohne.

So ist die Fortschrittsidee die säkularisierte Hoffnung zuerst der Philosophen und dann der Ingenieure geworden – und entsprechend ihres Glaubenscharakters wird sie verbissen verteidigt. Die Philosophen haben diesen Glauben als Glauben erkannt und analysiert. Seither sind sie von dem Gedanken an den Fortschritt nicht mehr so betäubt. Im Gespräch mit den Ingenieuren suchen mittlerweile beide Seiten nach Nüchternheit.

Mein Plädoyer lautet, statt der großen Fortschrittsidee die anderen, kleinen, zahlreichen und wertvollen Schritte zu bedenken. *Der* Fortschritt ist zu komplex, als dass wir ihn ernsthaft überhaupt nur an-denken könnten. «Die Wissenschaft denkt nicht»[278] – dieser Heidegger'sche Satz ist zuerst anstößig, dann tröstlich. Inkrementelle Verbesserungen, tausend kleine Schritte, die bestehendes Unrecht, Unheil, Imperfektion, Mangel, Leid oder Machtlosigkeit wenigstens ein wenig lindern oder gar beheben helfen ...

Es ist der Verzicht auf die Versuchung, die eigene Erfahrung, dass man nie so klug gewesen ist wie gerade jetzt, und dass es mit der eigenen persönlichen Entwicklung und Reifung bisher immer aufwärts gegangen sei, auf den Verlauf der Geschichte zu projizieren. Eine Geschichte also, die nicht aus dem Großen, Gewaltigen schöpft, das sowieso immer zum Fallen verurteilt ist, wie schon Platon[279] gewusst hat, und die nicht gewaltig, das heißt, nicht gewalttätig ist. Da ist kein Fortschritt als solcher, es sind nur Schritte ...

Wer von Fortschritt als treibender Kraft spricht, ist ungeduldig, er ist «ins Gelingen verliebt».[280] Dass etwas gelingt, heißt eben Fortschritt. Hubert Markl hat von der Fortschrittsdroge gesprochen. Sind die Ingenieure die Drogenhändler, ist die Technikethik der Versuch, die Beschaffungskriminalität einzudämmen? Aber wer sind die Opfer? Sind es die Konsumenten mit ihrem Recht auf Rausch? Sucht wird bekanntlich nicht durch Verbote und Reglementierungen beherrschbar, sondern nur durch sinnvolle Alternativen. Es gibt auch Ersatzdrogen des Fortschritts – Innerlichkeit, Introspektion, Rückzug ins Private, Hedonismus, Aussteigertum, verbissene Technikkritik bis hin zur Verschwörungstheorie. Aber auch diese Kritiker wenden die Technik an, wenn es denn ernst wird – in der Medizin, im Netz und anderswo. Eine sinnvolle Alternative, die die Fortschrittsdroge nicht benötigt, könnte darin liegen, dass wir gelassen nochmals fragen, ob wir die Technik haben, die wir brauchen, und ob wir die Technik brauchen, die wir haben.

Wenn wir von Fortschritt reden, meinen wir eben das, was wir wollen und wünschen und was wir für die Zukunft gerne hätten, auf dass es auf uns zukomme – und was wir tun und anstellen werden, weil wir es wollen. Dies zu kaschieren – dazu ist der Topos der Geschichte gerade recht, weil die Verantwortungsinstanz vom Individuum auf das Quasisubjekt Geschichte verschoben wird. Wenn wir unsere Verantwortung aber nicht an die Geschichte delegieren, sondern die Sache selbst in die Hand nehmen – und die Zeitläufte zeigen, dass Menschen genau das immer wieder getan haben –, dann bleibt die Verantwortung bei uns. Wir, Handelnde, Kaufleute und Ingenieure, Manager und Wissenschaftler, Verbraucher und zweifelnde Normalbürger, «ein gar mächtig harmlos Volk»[281] bleiben also weiterhin voll zurechnungsfähig und sind damit Subjekt der Verantwortung und nicht Objekt der Geschichte. Fortschritte und andere Schritte werden von Menschen gemacht.

Danksagung

Dieses Buch entstand aus Vorlesungen und Seminaren, die ich in Stuttgart, Ulm, Cottbus, Budapest und Wien gehalten habe, und aus zahlreichen Diskussionen und Vorträgen zu vielen Gelegenheiten. An erster Stelle möchte ich meinen Studierenden für die lebhaften und hartnäckigen Nachfragen danken, die so eine mögliche Dogmatisierung verhinderten. Weiterhin danke ich meinen Kolleginnen und Kollegen aus der Zunft der Technikphilosophie, von denen ich als Anfänger, aus der Fraunhofer-Gesellschaft kommend, viel gelernt habe, insbesondere dem Kollegium Technikphilosophie, mit dem mich zahlreiche Projekte und Arbeitszusammenhänge auch heute noch verbinden. Dank schulde ich dem Verlag C.H.Beck und meinem Lektor Dr. Stefan Bollmann. Gedankt sei an dieser Stelle auch der Fakultät 1 der Brandenburgischen Technischen Universität Cottbus, die mir durch ein Forschungssemester die Möglichkeit gab, das weit verstreute Material zu sammeln und zu sichten. *Last but not least* geht mein herzlicher Dank an meine Frau Irma für ihre Geduld, für das Ertragen meiner Leistungstiefs und für ihre ständige Gesprächsbereitschaft.

Verwendete Literatur (Auswahl)

Die Anmerkungen zu den hochgestellten Ziffern im laufenden Text finden Sie im Internet unter www.chbeck.de/go/Kornwachs-Philosophie-der-Technik. Dort ist auch eine ausführliche Bibliographie mit Bezug auf diese Anmerkungen hinterlegt.

Achterhuis, H. (ed.): American Philosophy of Technology. The Empirical Turn. Indiana University Press, Bloomington 2001

Agricola, G.: Zwölf Bücher vom Berg- und Hüttenwesen, übersetzt und bearbeitet von C. Schiffner, 3. Auflage, Düsseldorf 1961, lateinische Erstausgabe Basel 1556

Anders, A.: Die Antiquiertheit des Menschen. Bd. 1: Über die Seele im Zeitalter der zweiten industriellen Revolution. Bd. 2: Über die Zerstörung des Lebens im Zeitalter der dritten industriellen Revolution. C.H.Beck, München 1980

Arendt, H.: Macht und Gewalt. Piper, München 1970, 1993

Aristoteles: Vier Bücher der Physik I–IV. Hrsg. und übersetzt von G. Zekl. Meiner, Hamburg 1987

Bacon, Francis: Neues Organon, Teil 1 und Teil 2, lateinisch-deutsch. Meiner, Hamburg 1990 (Band 400a,b)

Banse, G.; Grunwald, A.; König, W.; Ropohl, G. (Hrsg.): Erkennen und Gestalten: Eine Theorie der Technikwissenschaften. Edition Sigma, Berlin 2006

Beckmann, J.: Entwurf einer allgemeinen Technologie. I: Vorrath kleiner Anmerkungen über mancherley gelehrte Gegenstände. Drittes Stück. Göttingen 1806, S. 463–533. Auszugsweiser Nachdruck. Hrsg. von M. Beckert, Leipzig 1990, S. 137–207

Bijker, W. E.; Hughes, T. P.; Pinch, T. J. (eds.): The Social Construction of Technological Systems. New Directions in the Sociology and History of Technology. MIT Press, Cambridge, MA 1987

Bunge, M.: Scientific Research II – The Search for Truth. Springer, New York, Heidelberg, Berlin, 1967

Cassirer, E.: Form und Technik. In: L. Kestenberg (Hrsg.): Kunst und Technik, Berlin 1930, S. 15–61. Auch in: E. Cassirer, Gesammelte Werke. Bd. XVII: Aufsätze und kleine Schriften (1927–1932). Hamburg 2003; auch in: E. Cassirer, Ernst: Symbol, Technik, Sprache, Hamburg: Meiner 1985, S. 39–91

Condorcet, Jean Antoine Nicolas de Caritat: Esquisse d'un tableau historiques des progrès de l'esprit humain. Dubuisson, Marseille 1864; dt.: Entwurf einer historischen Darstellung der Fortschritte des menschlichen Geistes, hrsg. von W. Alff. Suhrkamp, Frankfurt a. M. 1976

Descartes, R.: Die Prinzipien der Philosophie (1644). Meiner, Hamburg 1965

Diderot, Denis et d'Alembert, Jean le Rond (ed.): Encyclopédie, ou Dictionnaire raisonné des sciences, des arts et des métiers. 28. Bde. Paris / Neuchâtel 1751–1772. Reprint in 35 Bänden: Frommann-Holzboog, Stuttgart-Bad Cannstatt 1968–1995. Ebenfalls in: http://fr.wikisource.org/wiki/L%E2%80%99Ency clop%C3%A9die/Volume_1#ART

Erlach, K.: Das Technotop. Die technologische Konstruktion der Wirklichkeit. Reihe Technikphilosophie, Bd. 2. LIT Verlag, Münster, London 2001

Feenberg, A.: Questioning Technology, Routledge, London 1999

Gehlen, A.: Die Seele im technischen Zeitalter. Sozialpsychologische Probleme in der industriellen Gesellschaft, Hamburg 1957. In: A. Gehlen, Anthropologische und sozialphilosophische Untersuchungen. Rowohlt, Reinbek 1986, S. 145–266

Grunwald, A.; Kornwachs, K.; et al.: Technikzukünfte. Vorausdenken – Erstellen – Bewerten. In: acatech (Hrsg.): Impulse. Springer, Berlin u. a. 2012

Habermas, J.: Technik und Wissenschaft als Ideologie. Suhrkamp, Frankfurt a. M. 1968

Heidegger, M.: Die Frage nach der Technik. In: Die Technik und die Kehre. Opuscula 1, Neske, Pfullingen 1962

Hubig, Ch.; Reidel, J. (Hrsg.): Ethische Ingenieursverantwortung – Handlungsspielräume und Perspektiven der Kodifizierung. Edition Sigma, Berlin 2003

Hubig, Ch.: Die Kunst des Möglichen. Bd. I: Technikphilosophie als Reflexion der Medialität, Bd. II: Ethik der Technik als provisorische Moral. transcript, Bielefeld 2006

Hubig, Ch.: Technik- und Wissenschaftsethik. Ein Leitfaden. Springer, Berlin u. a. 1993, ²1995

Jonas, H.: Das Prinzip Verantwortung. Versuch einer Ethik für die technologische Zivilisation. Insel, Frankfurt a. M. 1979, Suhrkamp, Frankfurt a. M. 1984

Jünger, F. G.: Die Perfektion der Technik. Klostermann, Frankfurt a. M. ⁶1980

Jungk, R.: Heller als tausend Sonnen. Das Schicksal der Atomforscher. Scherz und Goverts, Stuttgart 1956, TB Rowohlt, Reinbek 1988

Kapp, E.: Grundlinien einer Philosophie der Technik. Zur Entstehungsgeschichte der Cultur aus neuen Gesichtspunkten. Westermann, Braunschweig 1877. Nachdruck, hrsg. von H.-M. Sass. Stern, Düsseldorf 1978

König, W.: Technikgeschichte. Eine Einführung in ihre Konzepte und Forschungsergebnisse. Steiner, Stuttgart 2009

Kornwachs, K. (Hrsg.): Technikphilosophie – Buchreihe, 23 Bde. LIT Verlag, Münster, London ab 2000

Kornwachs, K.: Das Prinzip der Bedingungserhaltung. Eine ethische Studie. LIT Verlag, Münster 2000

Kornwachs, K., et al.: Technikwissenschaften. Erkennen – Gestalten – Verantworten. In: acatech (Hrsg.): acatech IMPULS. Springer, Heidelberg u. a.: 2013. Auch in: http://www.acatech.de/de/publikationen/impuls.html

Kornwachs, K.; Renn, O.: Akzeptanz von Technik und Infrastrukturen. Anmerkungen zu einem gesellschaftlichen aktuellen Problem. In: acatech (Hrsg.): Position Nr. 9. Springer, Berlin u. a. 2011. In: http://www.acatech.de/de/publika-

tionen/publikationssuche/detail/artikel/akzeptanz-von-technik-und-infrstruk-
turen.html

Kornwachs, K.: Strukturen technologischen Wissens. Analytische Studien zur
Wissenschaftstheorie der Technik. Edition Sigma, Berlin 2012

Kroes, P.; Meijers, A. (eds.): The Empirical Turn in the Philosophy of Technology.
JAI Elsevier, Amsterdam 2000

La Mettrie, Julien Offray de: L'homme machine. Owen, London 1748; dt.: Die
Maschine Mensch, übersetzt von Ch. Becker. Meiner, Hamburg 1990

Lenk, H.; Ropohl, G. (Hrsg.): Technik und Ethik. Reclam jun., Stuttgart 1987

Marcuse, H.: Der eindimensionale Mensch. Suhrkamp, Frankfurt a. M. 1967

Mittelstraß, J.: Leonardo-Welt. Über Wissenschaft, Forschung und Verantwortung. Suhrkamp, Frankfurt a. M. 1992

Ortega y Gasset, José: Betrachtungen über die Technik (Meditación de la técnica,
1933). In: Gesammelte Werke, Bd. IV, DVA, Stuttgart 1978, S. 7–69. Span:
Ortega y Gasset: Meditacion de la Técnica y otros Ensáyos. 7 ed. Reviste de
Occidente, Madrid 1977. In: http://www.scribd.com/doc/53083456/Medita-
cion-de-la-tecnica-Jose-Ortega-y-Gasset-atek

Perrow, Ch.: Normale Katastrophen. Die unvermeidbaren Risiken der Großtech-
nik, Frankfurt a. M./New York 1988 [Normal Accidents. Living with High-
Risk Technologies. With an Afterword and a Postscript on the Y2K Problem,
Princeton 1999]

Platon: Werke in acht Bänden, hrsg. von G. Eigler, übersetzt von F. Schleierma-
cher. Wiss. Buchgesellschaft, Darmstadt 1990, Bd. 1–8

Plinius Secundus d. Ä., Naturkunde, 37 Bde., Lateinisch-Deutsch, hrsg. von
R. König, G. Winkler. Artemis, Zürich 1990–2004

Rapp, F.: Analytische Technikphilosophie. Alber, Freiburg 1978

Rescher, N.: Wissenschaftlicher Fortschritt. Eine Studie über die Ökonomie der
Forschung. De Gruyter, Berlin, New York 1982

Ropohl, G.: Eine Systemtheorie der Technik : zur Grundlegung der Allgemeinen
Technologie. Hanser, München/Wien 1979. 2. Auflage: Allgemeine Technologie, München, Zürich 1999. 3. Auflage: Allgemeine Technologie: Eine Systemtheorie der Technik, Universitätsverlag, Karlsruhe 2009; Volltext bei: http://
digbib.ubka.uni-karlsruhe.de/volltexte/1000011529

Searle, J. R.: The construction of social reality. Penguin Books, London 1995

Simonyi, K.: Kulturgeschichte der Physik. Harri Deutsch, Thun, Frankfurt a. M.
1995

Spengler, O.: Der Mensch und die Technik. Beitrag zu einer Philosophie des Lebens. C. H. Beck, München 1931, 1971; Karolinger-Verlag, Wien 2006

Verein Deutscher Ingenieure (VDI): Technikbewertung – Begriffe und Grundlagen. VDI-Richtlinie 3780, VDI, Hauptgruppe Der Ingenieur in Beruf und Gesellschaft, Ausschuss Grundlagen der Technikbewertung. VDI Verlag Düsseldorf 1991, Beuth, Berlin 1991, Aufl. dt. u. engl. Düsseldorf 2000

Vitruv: Zehn Bücher über Architektur, übersetzt und mit Anmerkungen versehen
von Dr. Curt Fensterbusch. Wiss. Buchgesellschaft, Darmstadt 1964 (lat. Text
und deutsche Übersetzung)

Wajcmann, J.: Technofeminism. Polity Press, Cambridge 2004

Weizenbaum, J.: Computer Power and Human Reason. From Judgement to Calculation. W. H. Freeman and Company, Freeman, San Francisco, CA 1976; dt.: Die Macht der Computer und die Ohnmacht der Vernunft. Suhrkamp, Frankfurt a. M. 1977

Weizsäcker, C. F. von: Bewußtseinswandel. Hanser, München 1988

Zimmerli, W. Ch.: Rückblick – Technikphilosophie. In: Information Philosophie, Okt. 2012, Heft 3–4, S. 83–86

Weiterführende Literatur

Braun, I.; Joerges, B. (Hrsg.):Technik ohne Grenzen. Suhrkamp, Frankfurt a. M. 1994

Büchel, W.: Die Macht des Fortschritts. Plädoyer für Technik und Wissenschaft. Wirtschaftsverlag Langen-Müller/Herbig, München 1981

Bunge, M.: Technology: from engineering to decision theory. Treatise on basic philosophy, Vol. 7, Epistemology and methodology, Part 3: Philosophy of Science and Technology. Reidel, Dordrecht 1985

Dessauer, F.: Philosophie der Technik – das Problem der Realisierung. F. Cohen, Bonn 1927, 2. Aufl. 1928

Dessauer, F.: Der Streit um die Technik. Knecht, Frankfurt a. M. 1956, 2. Aufl. 1958

Hubig, Ch.; Huning, A.; Ropohl, G.: Nachdenken über Technik – Die Klassiker der Technikphilosophie. Edition Sigma, Berlin [2]2001; überarbeitete Neuauflage: Hubig, Ch.; Huning, A.; Kornwachs, K.; Ropohl, G. (Hrsg.): Nachdenken über Technik – Klassiker der Technikphilosophie. Edition Sigma, Berlin 2013

Ihde, D.: Technology and the Lifeworld. From Garden to Earth. Indiana University Press, Bloomington, Indianapolis 1990

Illich, I.: Selbstbegrenzung. Eine politische Kritik der Technik. Rowohlt, Reinbek 1975, C.H.Beck, München 1996, 1998

Irrgang, B.: Philosophie der Technik, 3 Bde. (Technische Kultur. Instrumentelles Verständnis und technisches Handeln / Technische Praxis. Gestaltungsperspektiven technischer Entwicklung / Technischer Fortschritt. Legitimitätsprobleme innovativer Technik), Paderborn 2001/02, Wiss. Buchgesellschaft, Darmstadt 2008

Mitcham, C.; Mackey, R. (eds.): Bibliography of the Philosophy of Technology. University of Chicago Press, Chicago, IL 1973

Mitcham, C.: Thinking through Technology. The path between Engineering and Philosophy. University of Chicago Press, Chicago IL 1994

Poser, H. (Hrsg.): Herausforderung Technik. Philosophische und technikgeschichtliche Analysen. Peter Lang, Frankfurt a. M., Bern u. a. 2008

Sennett, R.: Handwerk. Berlin Verlag, Berlin 2007

Winner, L.: Autonomous Technology: Technics-out-of-Control as a Theme in Political Thought. MIT Press, Cambridge, MA, London 1977

Personenregister

Achterhuis, Hans 67
Anders, Günther 59 f., 85 f.
Apel, Karl Otto 101
Archimedes 37
Aristarch 16
Aristoteles 14, 30, 35–37, 40 f.,
    44, 48, 72, 78

Bacon, Francis 11, 40–42
Bacon, Roger 11, 37 f.
Bammé, Arno 27
Beckmann, Johann 46
Benhabib, Shila 65
Bloch, Ernst 57
Bohr, Niels 54
Boisjoly, Robert 106
Boyle, Robert 44
Brecht, Bertolt 110

Cassirer, Ernst 53
Condorcet, Marie Jean de 47
Crick, Francis 17

d'Alembert, Jean Baptiste le Rond 46
Darwin, Charles 17
Descartes, René 43–45
Diderot, Denis 46

Eco, Umberto 37
Einstein, Albert 55
Erlach, Klaus 74
Esau, Abraham 54

Fermi, Enrico 55
Floyd, Christiane 65
Flügge, Siegfried 55
Freud, Sigmund 16 f.
Frisch, Otto 54

Galilei, Galileo 43 f.
Gehlen, Arnold 76–78
Gilbert, William 44
Guericke, Otto von 44

Hahn, Otto 54 f.
Ham, Johan 44
Hanle, Wilhelm 54
Haraway, Donna 65
Harteck, Paul 55
Harvey, William 44
Hegel, Georg Wilhelm Friedrich
    51, 112
Heidegger, Martin 10, 52, 60–62,
    73 f., 120
Heisenberg, Werner 55
Herder, Johann Gottfried 76
Hitler, Adolf 56
Homer 33
Husserl, Edmund 52

James I., Kg. von England 42
Janich, Peter 66
Jonas, Hans 57, 103
Joos, Günter 54
Joy, Bill 18

Kahn, Herman 56, 108
Kant, Immanuel 16, 30, 48, 82,
    111 f.
Kapp, Ernst 7, 14, 50, 76, 78
Kasparow, Garri 18
Kepler, Johannes 16, 44
Kopernikus, Nikolaus 16
Krämer, Sybille 65
Kues, Nikolaus von 38
Kuhn, Thomas S. 67

La Mettrie, Julien Offray de 47
Leibniz, Gottfried Wilhelm 44 f.
Leonardo da Vinci 39 f.
Leeuwenhoek, Antoni van 44
Lippershey, Hans 44

Machiavelli, Niccolò 110
Mao Tse-tung 112
Marc Aurel 17
Marcuse, Herbert 62
Markl, Hubert 121
Marx, Karl 43, 51, 101, 112
Meitner, Lise 54
Minsky, Marvin 16, 18
Mittelstraß, Jürgen 20, 40
Moravec, Hans 18

Napier, John 44
Newton, Isaac 44
Oppenheimer, Robert 54–56
Ortega y Gasset, José 53 f., 113

Pindar 33
Platon 7, 34–37, 40, 72, 121
Popper, Karl R. 24, 69

Rapp, Friedrich 25
Rescher, Nicholas 114 f.
Ricardo, David 51
Roosevelt, Franklin D. 55
Ropohl, Günter 70–72, 98

Sachs, Alexander 55
Schallbroch, Heinrich 47
Scheler, Max 52
Smith, Adam 51
Snow, Charles P. 30, 66
Spengler, Oswald 52
Szilárd, Leo 55

Thales von Milet 33 f.
Thomas von Aquin 40
Toricelli, Evangelista 44

Wajcmann, Judy 65
Watson, James 17
Weber, Max 105
Weizsäcker, Carl Friedrich von
    15, 55 f., 85, 88
Wolff, Christian 46